WELT DER ZAHL 2

Bayern

Herausgegeben von

Prof. Dr. Hans-Dieter Rinkens

Kurt Hönisch

Gerhild Träger

Erarbeitet von

Nadine Franke-Binder, Kurt Hönisch,
Claudia Neuburg, Prof. Dr. Hans-Dieter Rinkens,
Dr. Thomas Rottmann, Michaela Schmitz, Gerhild Träger

Die Länderausgabe Bayern wurde erarbeitet von

Karin Baumgartner, Marzling · Ingrid Dröse, Zirndorf · Kurt Hönisch, Frankenberg ·
Karin Klebe, Pegnitz · Gisela Müller, Wertingen · Heike Paintmayer, Creußen

Unter Beratung von

Angela Becher, Bayreuth · Dr. Doris Bocka, Bindlach · Janina Günther, München ·
Stefanie Horinek, Landau · Lieselotte Pinker-Schmidl, Unterhaching ·
Julia Scheibel, Memmingen · Martina Scherbaum, Nürnberg ·
Monika Schramm, Würzburg · Anna Wellhöfer, Buckenhof

Schroedel
westermann

Inhaltsverzeichnis

Prozessbezogene Kompetenzen
P Probleme lösen   M Modellieren   A Argumentieren   K Kommunizieren   D Darstellungen verwenden

Inhaltsbezogene Kompetenzen / Gegenstandsbereiche

 Muster und Strukturen    Zahlen und Operationen   Raum und Form   Größen und Messen   Daten und Zufall

Hallo, wie schön, dass wir uns alle wiederseh'n. Ein neues Schuljahr fängt mal wieder an …

1 ABC B

$10 + 2 = 12$ G
$13 - 2 =$
$3 + 3 =$
$7 - 2 =$
$20 + 1 =$
$5 - 4 =$
$10 - 5 =$
$7 + 3 =$
$2 + 2 =$
$9 - 6 =$
$5 + 5 =$
$20 - 1 =$

2 ABC B

$4 + 4 =$ Ü
$10 + 1 =$
$16 + 1 =$
$9 - 4 =$
$10 - 4 =$

0	1	2	3	4	5	6	7	8	9	10
B	H	O	A	L	E	I	S	T	M	N

4
B
A C

$15 + 2 =$
$13 - 2 =$
$16 + 2 =$
$14 - 4 =$
$19 - 2 =$
$13 + 3 =$
$15 - 5 =$
$10 - 9 =$
$10 - 7 =$
$17 + 3 =$
$11 + 3 =$

5
B
A C

$8 - 8 =$
$13 + 5 =$
$21 + 1 =$
$12 + 5 =$
$10 - 8 =$
$16 - 6 =$

3
B
A C

$20 - 1 - 1 =$
$12 - 2 - 1 =$
$11 - 1 - 5 =$
$6 + 4 + 1 =$
$15 - 5 - 4 =$
$9 + 1 + 7 =$
$21 - 1 - 2 =$

6
B
A C

$5 + 5 + 8 =$
$10 - 3 - 7 =$
$8 + 2 + 6 =$
$19 - 9 - 0 =$
$5 + 5 + 5 =$
$4 + 6 + 6 =$
$10 + 3 + 7 =$
$3 + 7 + 6 =$
$1 + 9 + 1 =$

11	12	13	14	15	16	17	18	19	20	21	22
R	G	F	S	T	E	K	A	D	U	C	L

1 Bestimme die Nachbarzahlen.

Ich stehe zwischen ▦ und ▦.

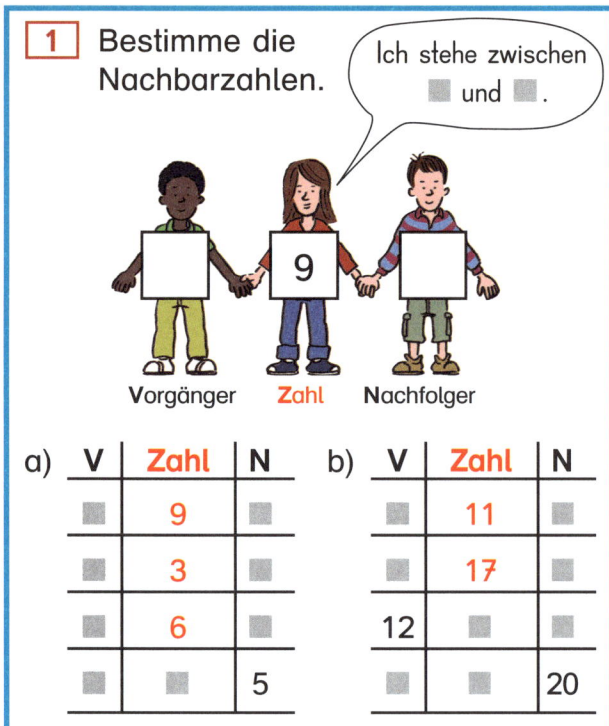

Vorgänger   **Zahl**   Nachfolger

a)

V	Zahl	N
▦	9	▦
▦	3	▦
▦	6	▦
▦	▦	5

b)

V	Zahl	N
▦	11	▦
▦	17	▦
12	▦	▦
▦	▦	20

2 Vergleiche immer zwei Zahlen.

$$4 < 6 \qquad 6 > 4$$
4 ist kleiner als 6   6 ist größer als 4

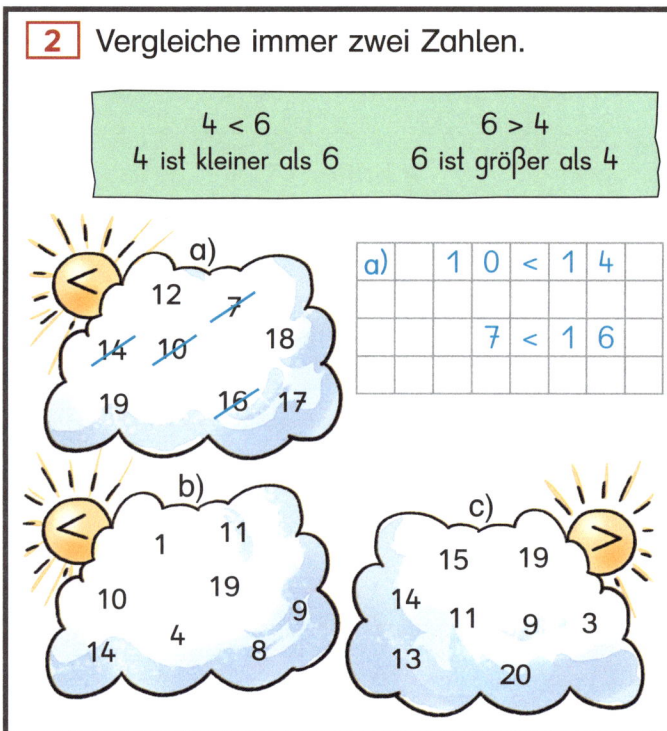

a)

a)	1	0	<	1	4
		7	<	1	6

a) 12 7 14 10 18 19 16 17

b) 1 11 10 19 9 14 4 8

c) 15 19 14 11 9 3 13 20

3 Schreibe Zahlzerlegungen.

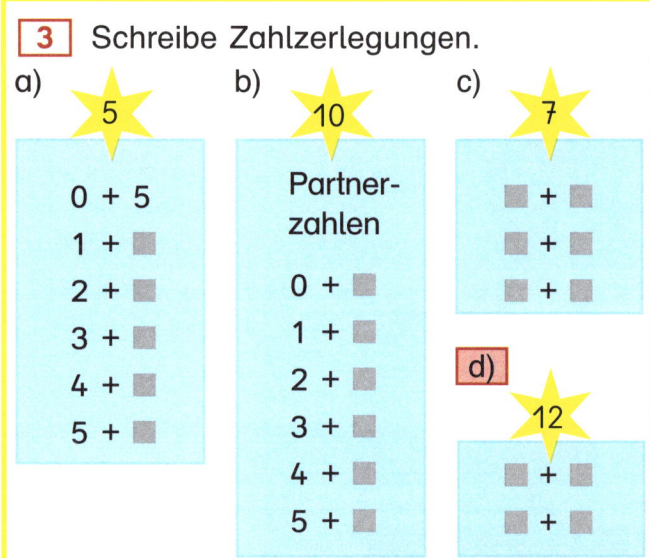

a) 5

0 + 5
1 + ▦
2 + ▦
3 + ▦
4 + ▦
5 + ▦

b) 10

Partner-zahlen

0 + ▦
1 + ▦
2 + ▦
3 + ▦
4 + ▦
5 + ▦

c) 7

▦ + ▦
▦ + ▦
▦ + ▦

d) 12

▦ + ▦
▦ + ▦

4 Rechne die Plus- und Minus-aufgaben im Kopf.

a) 1 + 7   b) 3 + 4   c) 0 + 4
   3 + 6   8 + 1   6 + 4
   4 + 5   2 + 6   3 + 5
   2 + 3   7 + 2   4 + 6

d) 9 − 4   e) 10 − 3   f) 10 − 0
   8 − 2   6 − 4   7 − 7
   7 − 6   4 − 3   10 − 8
   5 − 5   8 − 7   9 − 6

5 Verdopple und halbiere.

a)

1 + 1 = ▦		3 + 3 = ▦
9 + 9 = ▦		4 + 4 = ▦
2 + 2 = ▦		6 + 6 = ▦
5 + 5 = ▦		7 + 7 = ▦
8 + 8 = ▦		10 + 10 = ▦

b) Verdoppeln

2	3	▦	▦	6	7	8	▦	▦
4	▦	8	10	▦	▦	▦	18	20

Halbieren

c) Das sind **gerade** Zahlen. Ich kann sie halbieren.

2, 4, ▦, ▦, ▦, ▦, ▦, ▦, ▦, 20

2 Jeweils zwei Zahlen wählen und vergleichen. Jede Zahl in der Wolke nur einmal verwenden. Zusätzlich: Alle Zahlen der Größe nach ordnen. **3** Bei c) und d) eigene Zerlegungen wählen. Es gibt verschiedene Möglichkeiten.

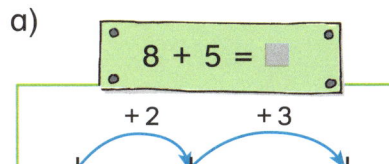

1 Rechne in Schritten über die 10.

a)

8 + 5 = ⬜

+2   +3

8   10   ⬜

b)

14 − 6 = ⬜

−2   −4

⬜   10   14

Erst bis 10, dann weiter.

2 a) 6 + 7   b) 4 + 9   c) 11 − 9   d) 12 − 5
    7 + 9   6 + 8   12 − 7   15 − 6
    8 + 6   7 + 4   14 − 8   16 − 9

3 a) 12 + 4
     2 + 4

   b) 13 + 6
     3 + 6

   c) 19 − 5
     9 − 5

   d) 18 − 7
     8 − 7

Rechne zuerst die kleine Aufgabe.

4 Rechne.
Die kleine Aufgabe hilft dir.

a) 13 + 4   b) 18 − 5
   15 + 3   19 − 3
   11 + 6   14 − 4
   14 + 6   20 − 8

5 Ergänze über die 10 hinweg.

a) 7 + ⬜ = 15

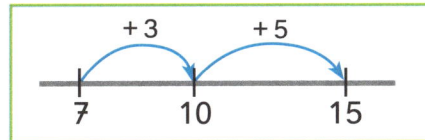

+3   +5

7   10   15

b) 6 + ⬜ = 15   c) 6 + ⬜ = 14
   8 + ⬜ = 13   7 + ⬜ = 11
   8 + ⬜ = 17   5 + ⬜ = 13

6 a) 14 − ⬜ = 8

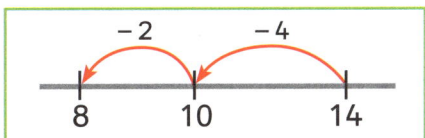

−2   −4

8   10   14

b) 15 − ⬜ = 8   c) 13 − ⬜ = 6
   11 − ⬜ = 8   15 − ⬜ = 7
   12 − ⬜ = 5   13 − ⬜ = 4

7 Rechne. Die Umkehraufgabe hilft dir.

a) ⬜ + 3 = 11
  ⬜ + 7 = 14

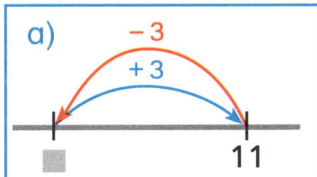

a) −3
   +3

⬜   11

b) ⬜ − 2 = 15   c) ⬜ + 6 = 18
  ⬜ − 9 = 6   ⬜ − 7 = 9

d) ⬜ − 8 = 11
  ⬜ + 4 = 16

e) ⬜ + 5 = 13   **f)** ⬜ + 3 = 22
  ⬜ − 6 = 8   ⬜ − 4 = 17

8 Schreibe immer drei Plus- und drei Minusaufgaben.

a) Das Ergebnis ist 13.

b) Das Ergebnis ist ungerade.

c) Wähle ein eigenes Ergebnis. Schreibe viele Aufgaben.

8 Es gibt verschiedene Möglichkeiten.

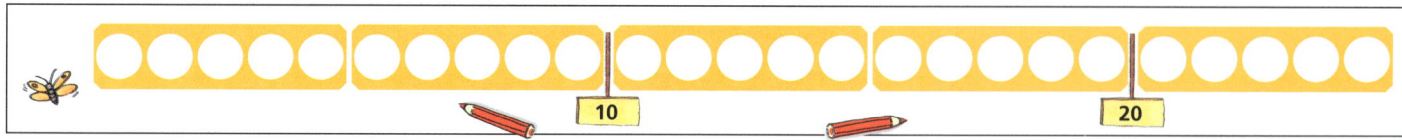

1 Setze die Aufgabenfolge fort. Was fällt dir auf?

a)
8 + 6
8 + 7
8 + 8

b)
5 + 6
5 + 7
5 + 8

c)
9 + 4
9 + 5
9 + 6

d)
12 + 3
12 + 4
12 + 5

Ergänze weitere Aufgaben.

2

a)
14 − 6
14 − 7
14 − 8

b)
11 − 6
11 − 7
11 − 8

c)
13 − 4
13 − 5
13 − 6

d)

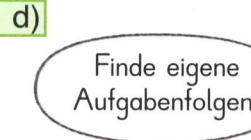

Finde eigene Aufgabenfolgen.

3 Rechne geschickt. Achte auf die Partnerzahlen. Erkläre, wie du rechnest.

a) 6 + 4 + 3
6 + 7 + 4
4 + 9 + 6

b) 7 + 3 + 2
7 + 8 + 3
3 + 7 + 5

c) 16 − 8 − 6
13 − 5 − 3
12 − 2 − 8

d) 15 − 7 − 5
17 − 9 − 7
11 − 9 − 1

e) 19 − 9 − 3
14 − 7 − 4
16 − 7 − 6

4

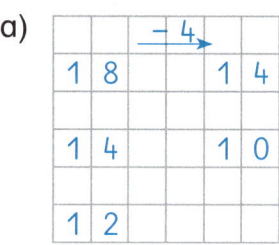

a)

−4 →		
1 8		1 4
1 4		1 0
1 2		

b)

−6 →		
1 1		
1 2		
1 5		

c)

−7 →		
1 8		
1 4		
1 1		

5

a) + 5 →

4	■
6	■
13	■

b) + 9 →

3	■
9	■
■	19

c) + 3 →

5	■
■	18
■	14

d) + 7 →

7	■
■	15
13	■

e) + 11 →

■	12
10	■
■	31

6 Dinge vom Flohmarkt

a)

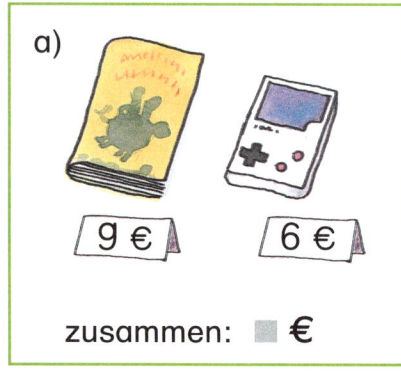

9 € 6 €

zusammen: ■ €

b)

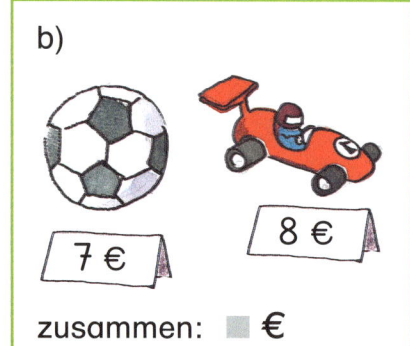

7 € 8 €

zusammen: ■ €

c)

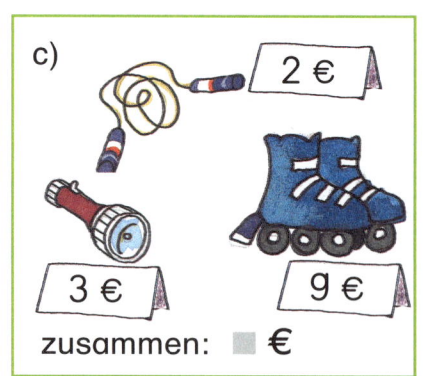

2 € 3 € 9 €

zusammen: ■ €

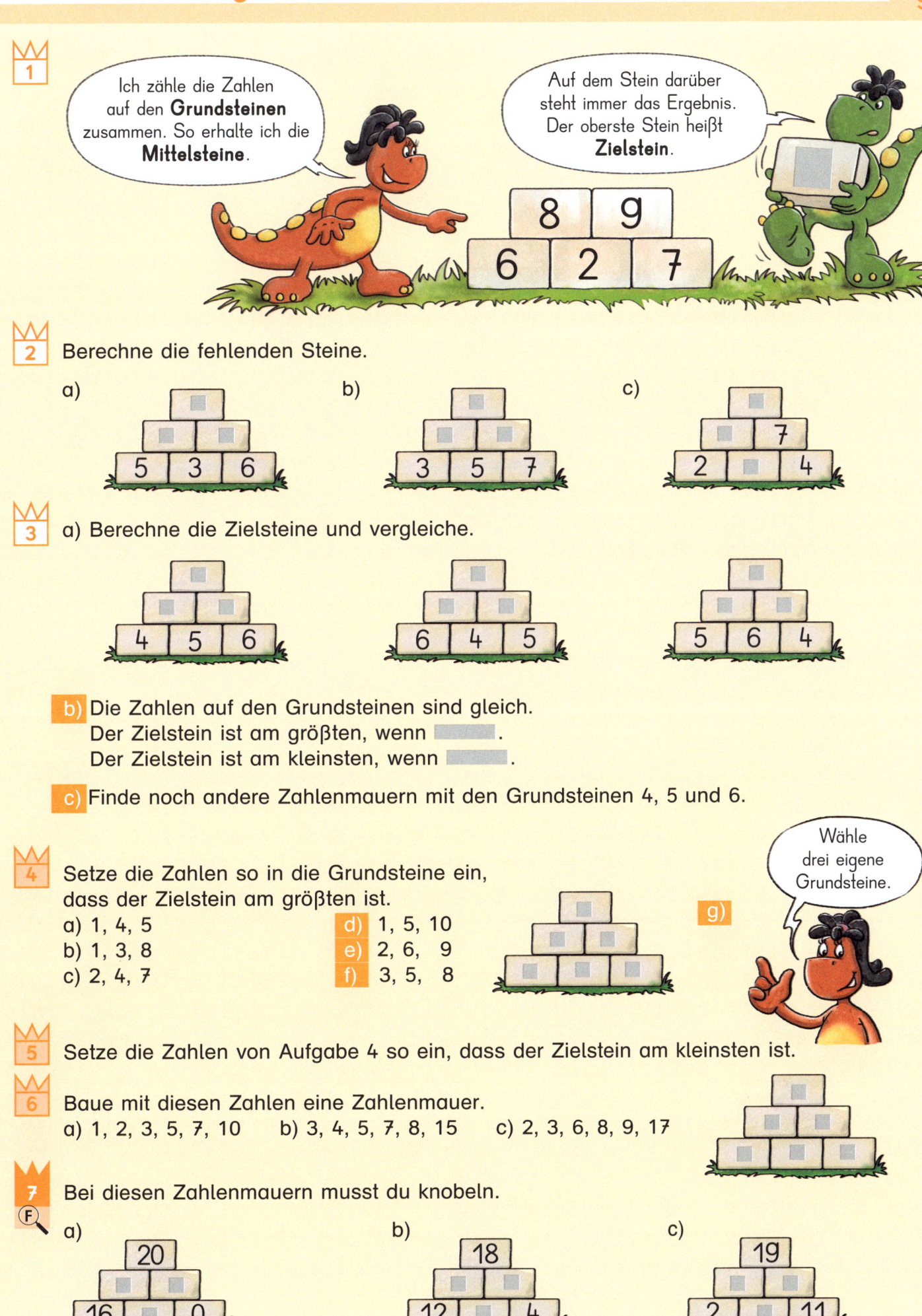

1 Ich zähle die Zahlen auf den **Grundsteinen** zusammen. So erhalte ich die **Mittelsteine**.

Auf dem Stein darüber steht immer das Ergebnis. Der oberste Stein heißt **Zielstein**.

8   9
6   2   7

2 Berechne die fehlenden Steine.

a) 5   3   6

b) 3   5   7

c) 7 / 2   4

3 a) Berechne die Zielsteine und vergleiche.

4   5   6

6   4   5

5   6   4

b) Die Zahlen auf den Grundsteinen sind gleich.
Der Zielstein ist am größten, wenn _____ .
Der Zielstein ist am kleinsten, wenn _____ .

c) Finde noch andere Zahlenmauern mit den Grundsteinen 4, 5 und 6.

4 Setze die Zahlen so in die Grundsteine ein, dass der Zielstein am größten ist.
a) 1, 4, 5
b) 1, 3, 8
c) 2, 4, 7
d) 1, 5, 10
e) 2, 6, 9
f) 3, 5, 8
g)

Wähle drei eigene Grundsteine.

5 Setze die Zahlen von Aufgabe 4 so ein, dass der Zielstein am kleinsten ist.

6 Baue mit diesen Zahlen eine Zahlenmauer.
a) 1, 2, 3, 5, 7, 10   b) 3, 4, 5, 7, 8, 15   c) 2, 3, 6, 8, 9, 17

7 Ⓕ Bei diesen Zahlenmauern musst du knobeln.

a) 20 / 16   0

b) 18 / 12   4

c) 19 / 2   11

1 bis 7 Zahlenmauern: Aufgaben mit der Möglichkeit natürlicher Differenzierung zum Ausbau aller Niveaustufen. Fehlende Zahlen einsetzen; Zusammenhänge erkennen. Gesetzmäßigkeiten entdecken und nutzen.

1

Plumino
Drei Zahlen im Kopf,
vier Aufgaben im Bauch:
zwei Plusaufgaben,
zwei Minusaufgaben.

8   5
13

$8 + 5 = 13$
$5 + 8 = 13$
$13 - 5 = 8$
$13 - 8 = 5$

a) 6   5

b) 7   8

c) 20 / 21

d) 12 / 16

e) g / 18
Ich bin ein kleines Plumino.

■ + ■ = ■
■ − ■ = ■

2   Diesmal sind nur die kleinen Pluminos zum Fest eingeladen.
Wer darf kommen? Male und rechne. Findest du zehn Pluminos?

3   Familienfest der Plumino-Familie 12.
Alle haben eine 12 im Mund.
Wer kommt zum Fest? Male die Köpfe.

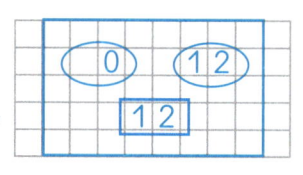

Wir sind sieben Pluminos.

12

4   Familienfest der Plumino-Familie 15. Alle haben eine 15 im Mund.
Wer kommt? Male die Köpfe. Findest du alle Pluminos?

5

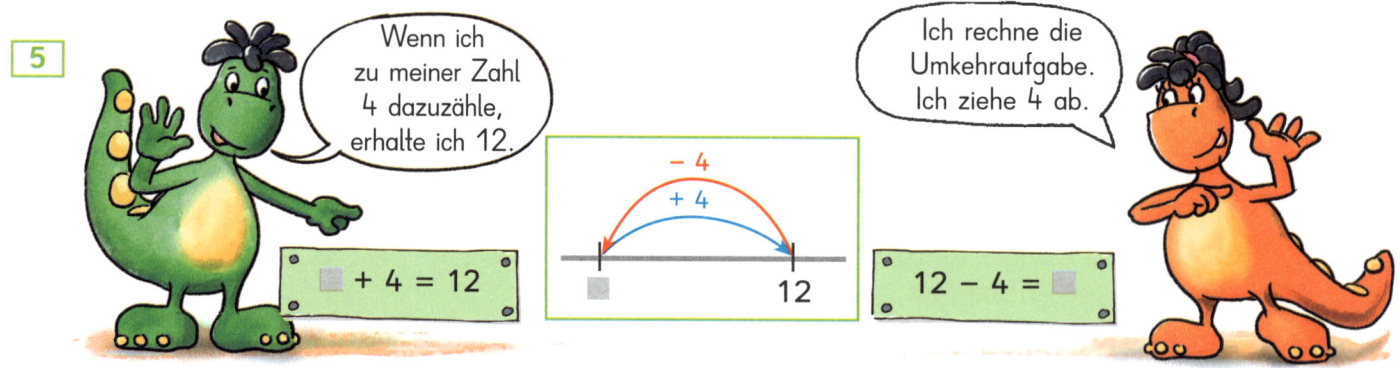

Wenn ich zu meiner Zahl 4 dazuzähle, erhalte ich 12.

Ich rechne die Umkehraufgabe. Ich ziehe 4 ab.

− 4
+ 4

■   12

■ + 4 = 12

12 − 4 = ■

6   Welche Zahl ist es? Löse mit Hilfe der Umkehraufgabe.

a) Wenn ich zu meiner Zahl 4 dazuzähle, erhalte ich das Ergebnis 18.

b) Wenn ich von meiner Zahl 6 abziehe, erhalte ich 11.

c) Wenn ich zu meiner Zahl 7 dazuzähle, erhalte ich 14.

3 und **4** Das Vertauschen der Zahlen in den Augen ergibt die gleichen Aufgaben, daher wird dies nur als ein Plumino gezählt.

1 Ziehe die rechte Zahl von der linken ab. Schreibe das Ergebnis darunter.

14 − 6 = 8

2 Eine Traube geht nicht. Erkläre, warum das so ist. Rechne die anderen.

a) 20 5
b) 3 6
c) 13 7
d) 6 0
e) 19 18
f) 7 7
g) 12 8

3 a) 20 11 10
b) 10 6 3
c) 19 12 8
d) 9 3 0

4 a) 19 10 3
b) 17 6 3
c) 10 5 6
d) 10 4 2
e) 20 14 6

5 Was fällt dir auf? Setze bei e) die Regel fort.

a) 19 12 5
b) 18 12 6
c) 17 12 7
d) 16 12 8
e) 15

6 Hier gibt es mehrere Lösungen.

a) 17 6
Findest du alle Lösungen?
b) 16 2
c) Zeichne eigene Trauben.

1 bis **6** Minus-Trauben: Aufgaben mit der Möglichkeit natürlicher Differenzierung zum Ausbau aller Niveaustufen. Benachbarte Zahlen von links nach rechts abziehen. Das Ergebnis in die Mitte darunter schreiben. Nach dieser Seite empfiehlt sich eine Lernstandsfeststellung.

Sachsituationen: Im Schwimmbad

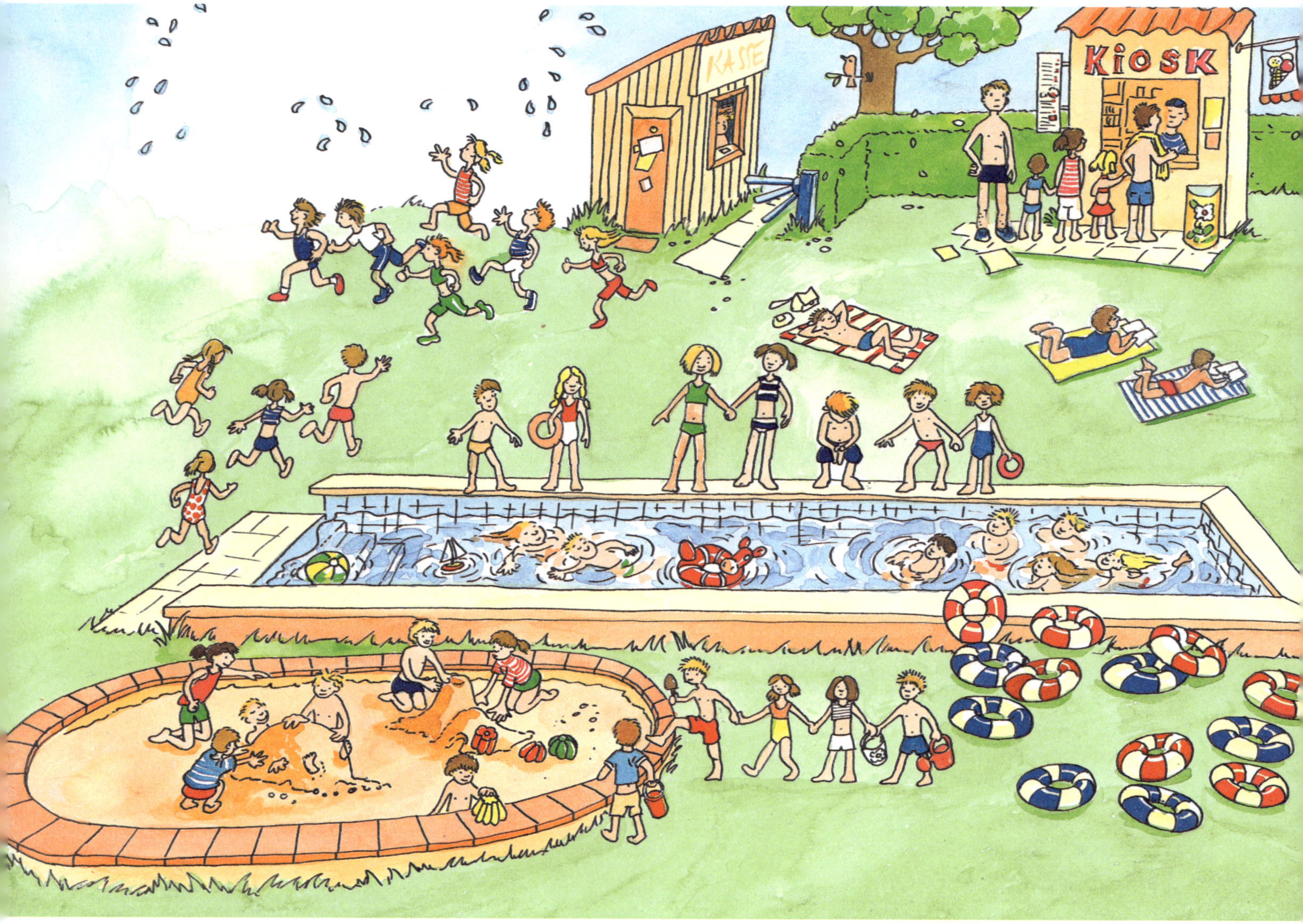

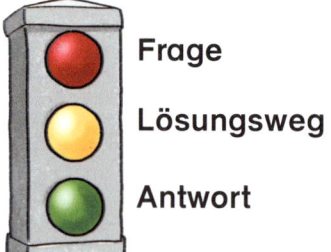

1 Im Schwimmbecken sind sieben Kinder. ■ Kinder kommen noch hinzu.

Frage

Lösungsweg

Antwort

F Wie viele Kinder sind dann im Schwimmbecken?

L 7 + ■ = ■■

A ■■ Kinder sind dann im Schwimmbecken.

2 Im Sandkasten sind ■ Kinder. ■ Kinder kommen noch hinzu.

3 Am Beckenrand liegen ■ rote und ■ blaue Reifen.

4 Am Kiosk gibt es elf rote und fünf gelbe Lutscher.

5 Am Kiosk werden verschiedene Eissorten angeboten.
Heute wurden schon drei Kugeln Schokolade,
acht Kugeln Nuss und vier Kugeln Himbeer verkauft.

6 An jedem der vier Tische sitzen drei Personen.

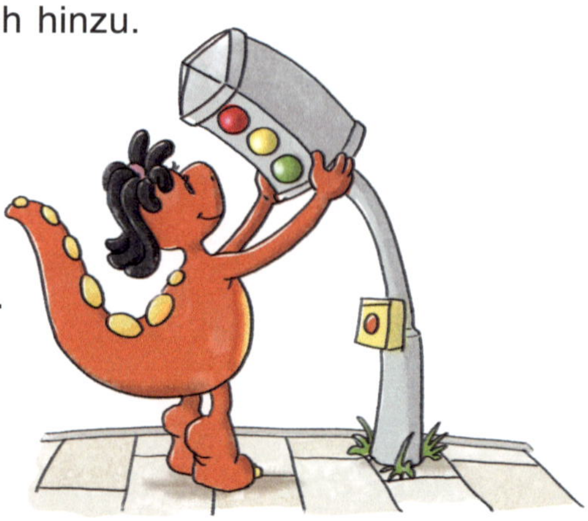

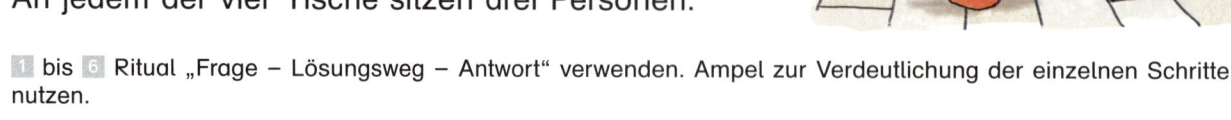

1 bis 6 Ritual „Frage – Lösungsweg – Antwort“ verwenden. Ampel zur Verdeutlichung der einzelnen Schritte nutzen.

1 Vorher waren sechs Kinder im Planschbecken. ■ Kinder gehen weg.

F	Wie viele Kinder sind noch im Planschbecken?								
L	6 – ■ = ■								
A	■ Kinder sind noch im Planschbecken.								

Frage

Lösungsweg

Antwort

2 Vorher waren es ■ Ballons. ■ Ballons fliegen weg.

3 Es standen ■ Kegel. ■ Kegel fallen um.

4 Es standen ■ Dosen. ■ Dosen fallen herunter.

5 Zehn Personen liegen auf Handtüchern.
Vier ruhen sich aus, die anderen lesen.

6 Gestern standen um 15 Uhr zwanzig Kinder an der Kasse.
Zehn Kinder waren Jungen. Wie viele Kinder waren Mädchen?

7 Erfinde eigene Rechengeschichten.

Löse die Aufgaben schrittweise.

1 bis **7** Das Ritual „Frage – Lösungsweg – Antwort" verwenden.

1

a) Welche Frage passt?

Wie viel Euro hat Tom gespart?

Wie viel Euro kosten die Spielsachen zusammen?

b) Welcher Lösungsweg passt?

6 € + ■ € = 8 €

6 € + 8 € = ■ €

c) Welche Antwort passt?

■ € kosten die Spielsachen zusammen.

■ € hat Tom gespart.

2

a) Welche Frage passt?

Wie viel kostet das zusammen?

Wie viel Euro fehlen Susi noch?

Wie viel Euro bekommt Susi zurück?

b) Welcher Lösungsweg passt?

20 € + 8 € = ■ €

20 € – 8 € = ■ €

8 € + 20 € = ■ €

c) Welche Antwort passt?

■ € muss Susi bezahlen.

■ € fehlen Susi noch.

■ € bekommt Susi zurück.

3

a) Welche Frage passt?

Wie viel Euro fehlen Tina?

Wie viel Euro bekommt Tina zurück?

Wie viel Euro hat Tina gespart?

b) Welcher Lösungsweg passt?

14 € – 10 € = ■ €

10 € + 14 € = ■ €

10 € – 4 € = ■ €

c) Welche Antwort passt?

■ € bekommt Tina zurück.

■ € hat Tina gespart.

■ € fehlen Tina noch.

1 bis **3** Zum Bild passende Frage, passenden Lösungsweg und passende Antwort notieren.

1

8 € + 2 € + 6 € = ⬜ €

8 € + 6 € = ⬜ €

Was gehört zusammen?

Wie viel Euro muss Petra für die Puppe und den Bär bezahlen?

Wie viel Euro kosten die drei Dinge zusammen?

⬜ € muss Petra für die Puppe und den Bär bezahlen.

⬜ € kosten die drei Dinge zusammen.

2

20 € – 11 € = ⬜ €

8 € + 3 € = ⬜ €

Was gehört zusammen?

Wie viel Euro muss Mutter für die beiden Spielsachen bezahlen?

Wie viel Euro bekommt Mutter zurück?

⬜ € bekommt Mutter zurück.

⬜ € muss Mutter für die Spielsachen bezahlen.

3

16 € – 15 € = ⬜ €

5 € + 3 € + 8 € = ⬜ €

Was gehört zusammen?

Wie viel Euro kosten die drei Spielsachen zusammen?

Wie viel Euro fehlen Max noch?

⬜ € kosten die drei Spielsachen zusammen.

⬜ € fehlen Max noch.

1 bis **3** Jeweils zusammengehörige Frage, Lösungsweg und Antwort notieren.

1 Wo sieht Tom den roten Würfel? Wo sieht Anna den roten Würfel? Links oder rechts?

a)    b)    c)

2 Wo sieht Tom den roten Würfel? Wo sieht Anna den roten Würfel? Links oder rechts?

a)   b)   c)

3 Wo sehen die Kinder den roten Würfel? Vorne oder hinten? Links oder rechts?

a)   b)   c)

4 Wo sehen die Kinder den roten Würfel?
Oben oder unten? Vorne oder hinten? Links oder rechts?

a)   b)

1 bis 4 Zusätzlich: Nachspielen. In Partner- oder Gruppenarbeit über die verschiedenen Ansichten sprechen.

1 Wer sieht welches Bild?

A    B    C    D

2 Wahr (w) oder falsch (f)?

a) Oma sieht Sandra.
c) Es ist Winter.
e) Mutter schaukelt.
g) Die Garage ist offen.
i) Mutter ist im Haus.

b) Der Briefträger fährt hinter dem Haus.
d) Mutter und Fabian spielen im Garten.
f) Der Nachbar sieht Oma.
h) Der Briefträger sieht den Nachbarn.
j) Sandra sieht die Garage links vom Haus.

3 Von welcher Stelle aus wurden die Fotos gemacht?

1 und **2** Zusätzlich: Eigene Rätsel zum Bild und zu eigenen Situationen erfinden und gemeinsam lösen.

Wege finden und beschreiben

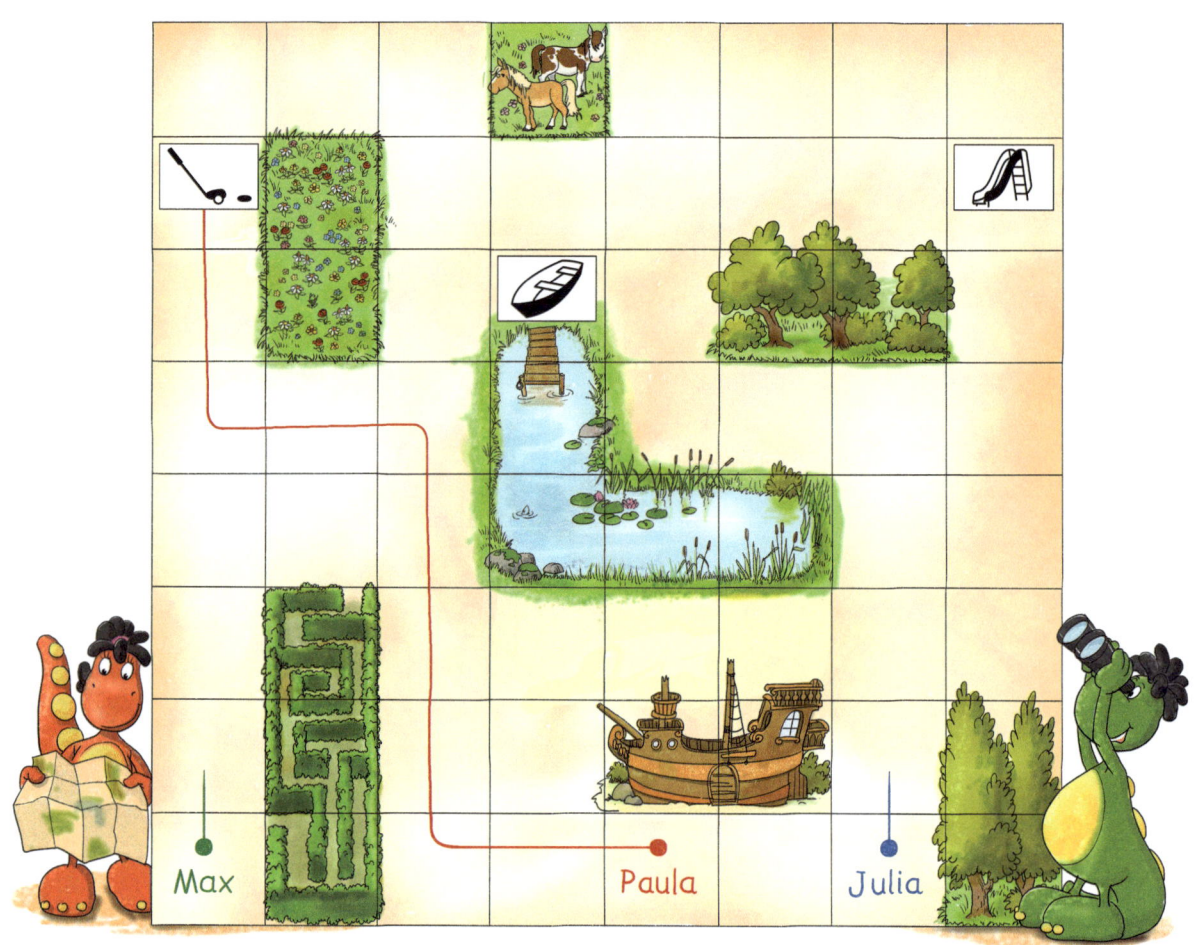

1 Zeige den Weg und schreibe ihn in dein Heft.

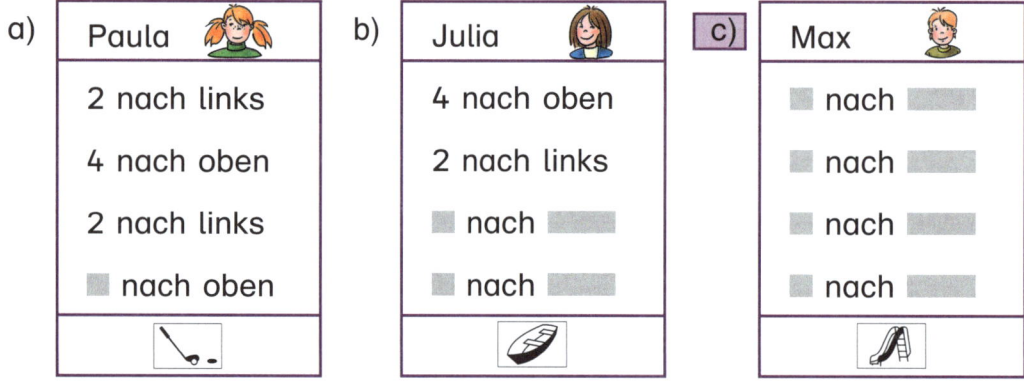

a)

Paula
2 nach links
4 nach oben
2 nach links
▦ nach oben

b)

Julia
4 nach oben
2 nach links
▦ nach ▦
▦ nach ▦

c)

Max
▦ nach ▦
▦ nach ▦
▦ nach ▦
▦ nach ▦

2 Wohin kommt das Kind? Zeige den Weg und zeichne das Zeichen in dein Heft.

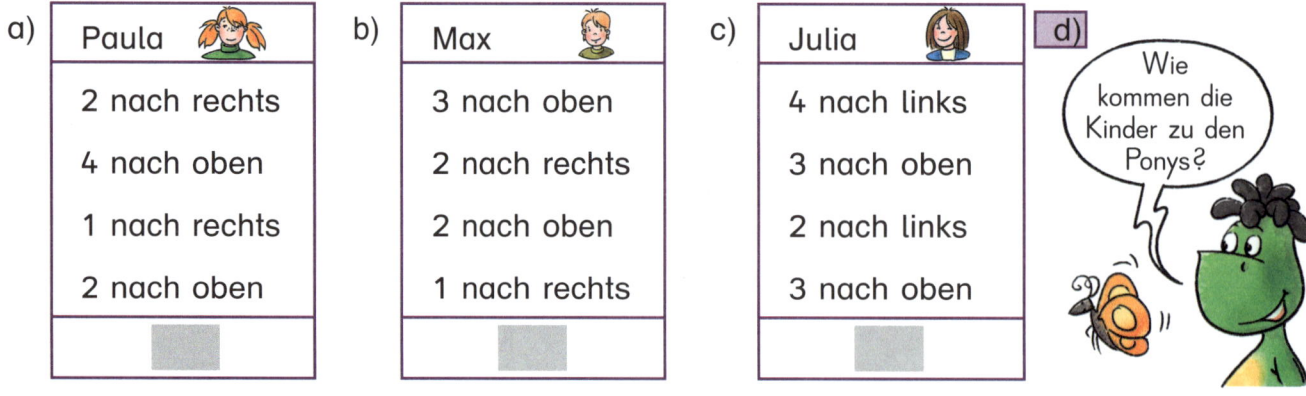

a)

Paula
2 nach rechts
4 nach oben
1 nach rechts
2 nach oben
▦

b)

Max
3 nach oben
2 nach rechts
2 nach oben
1 nach rechts
▦

c)

Julia
4 nach links
3 nach oben
2 nach links
3 nach oben
▦

d)

Wie kommen die Kinder zu den Ponys?

3 Beschreibe einen Weg. Dein Partner zeigt ihn.

2 Bei d) gibt es verschiedene Möglichkeiten.

1 Was kannst du alles im Stadtplan sehen? Erzähle.

2 a) In welcher Straße liegt die Post?   b) In welcher Straße liegt das Kino?
c) Zwischen welchen Straßen liegt der Spielplatz?

3 Zahlix will Zahline treffen. Durch welche Straßen kann er gehen?
Lege mit Wollfäden die Wege nach.

4 Durch welche Straßen gehst du? Beschreibe deinem Partner den Weg.

a) von (A) nach (B)   b) von (B) nach (D)   c) von (C) nach (E)

5 Findet eigene Wege.
Beschreibt sie genau.

6 Gehe von (A) nach (E). An welchen Gebäuden kommst du vorbei?
Schreibe sie auf.

7 Gehe von (E) nach (B). An welchen Gebäuden kommst du vorbei?
Schreibe sie auf.

8 Zahlix biegt von der Hauptstraße nach rechts ab.
Was sieht er links an der Straßenecke?

9 Dein Partner geht einen Weg. Er erzählt, welche Gebäude er sieht.
Durch welche Straßen geht er? Zeige den Weg.

1 bis **9** Zusätzlich: Ähnliche Aufgaben am eigenen Ortsplan bearbeiten.

1 Welches ist dein Lieblingstier in diesem Zoo? Besuche es. Starte am EINGANG NORD. Zähle jeden Schritt mit.

2 Auf welche Zahlenfelder kommt das Kind auf seinem Weg im Zoo?

a) Ich gehe von den Affen zu den Bären. — Anne

a) 20, 21, 22,

b) Ich gehe von den Giraffen zu den Kängurus. — Kira

c) Ich gehe von den Elefanten nach Hause durch den Eingang Süd. — Dario

3 Wie geht es weiter?

a) 17 18 19 ◯ ◯ ◯ ◯ 25

b) 47 48 ◯ ◯ ◯ ◯ ◯ 55

4 Große Schritte. Wie geht es weiter?

a) 10 20 30 ◯ ◯ ◯ ◯ 90

b) 5 10 15 ◯ ◯ ◯ ◯ 45

Partnerspiel: Zahlenkette von 1 bis 100 als Würfelspiel nutzen, Spielregeln selbst bestimmen. Beispiel: Bei 1 oder 100 starten, abwechselnd würfeln und vorwärts oder rückwärts ziehen ... 4 Zusätzlich: Wie groß sind die Schritte? Eigene Zahlenfolgen aufschreiben.

1 Oma kommt beim EINGANG SÜD herein. Ihr trefft euch bei deinem Lieblingstier. Auf welche Zahlenfelder kommt Oma? Zähle rückwärts mit.

2 Auf welche Zahlenfelder kommt das Kind auf seinem Weg im Zoo?

a) Ich gehe vom Eingang Süd zu den Elefanten.

Luca

a) 1 0 0 , 9 9 ,

b) Ich gehe von den Giraffen zu den Papageien.

Julia

c) Ich gehe von den Nashörnern zu den Bären.

Jan

3 Zähle rückwärts. Wie geht es weiter?

a) (84)(83)(82)( )( )( )( )( )(75)

b) (34)(33)( )( )( )( )( )( )(25)

4 Große Schritte rückwärts. Wie geht es weiter?

a) (100)(98)(96)( )( )( )( )( )(82)

b) (100)(95)(90)( )( )( )( )( )(55)

4 Zusätzlich: Wie groß sind die Schritte? Eigene Zahlenfolgen aufschreiben.

1

2 a)

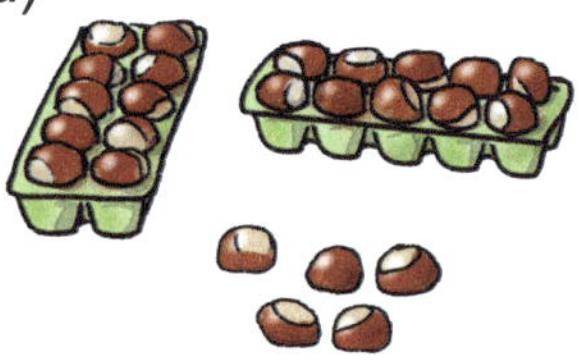

a)
	Z	**E**		
	2	5		
	2 Z	+ 5 E	= 2 5	
	2 0	+ 5	= 2 5	

b)

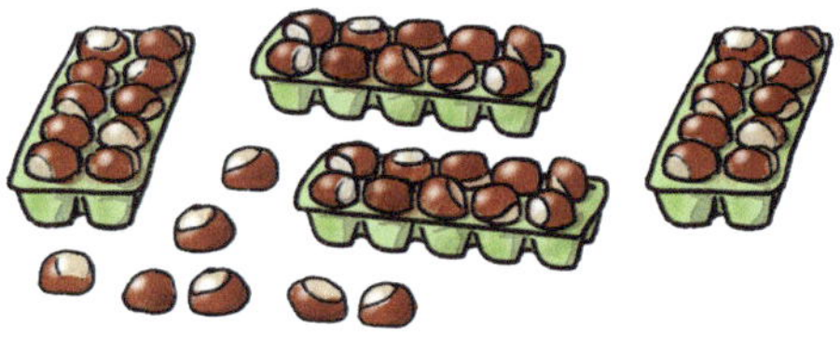

c)

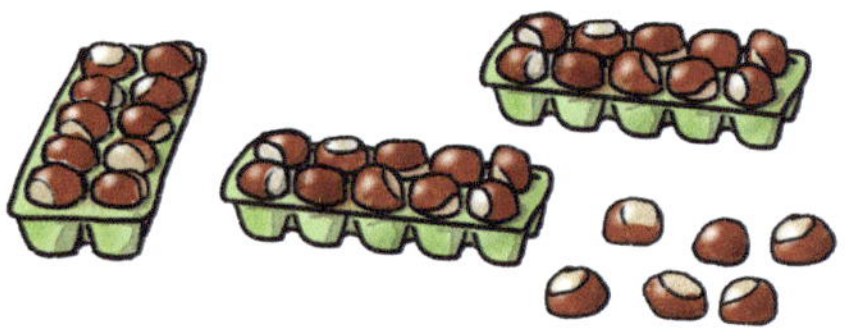

d)

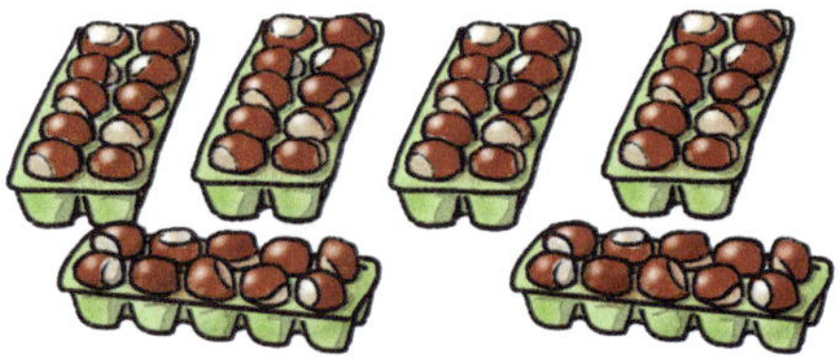

3 a)

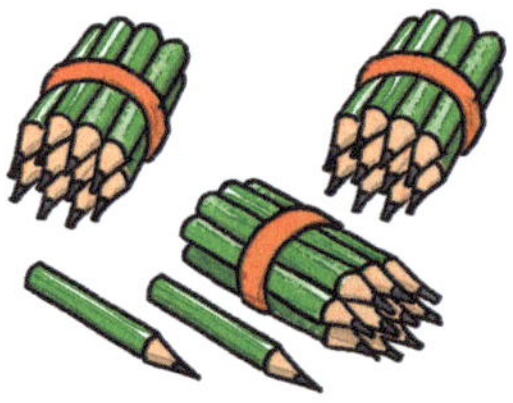

▦ Z + ▦ E = ▦
▦ + ▦ = ▦

b)

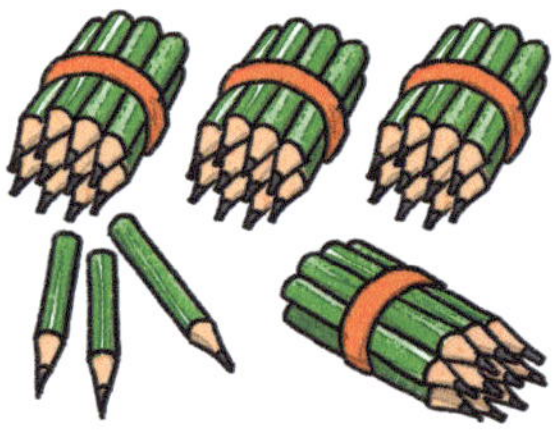

▦ Z + ▦ E = ▦
▦ + ▦ = ▦

c)

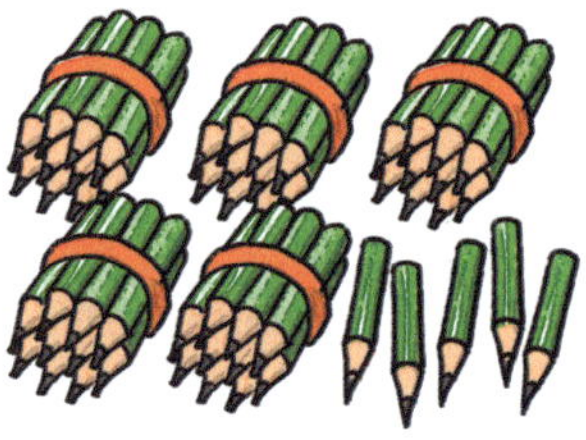

▦ Z + ▦ E = ▦
▦ + ▦ = ▦

4

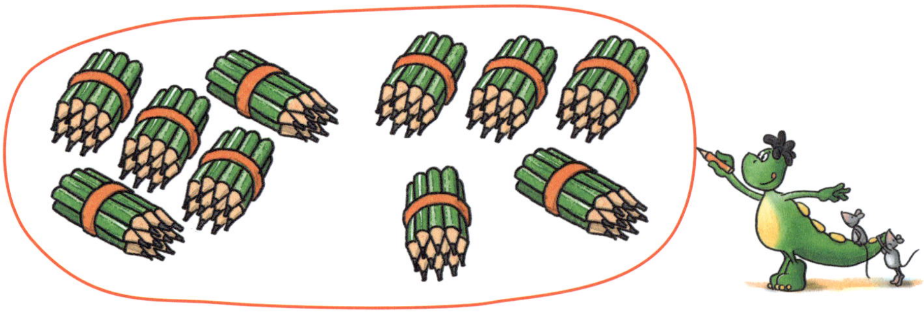

H	**Z**	**E**
1	0	0

1 H = 100
einhundert

H Hunderter   Z Zehner   E Einer
1 Hunderter = 10 Zehner   1 Zehner = 10 Einer
1 H = 10 Z   1 Z = 10 E

1 Zusätzlich: Größere Anzahlen von Kastanien in Partnerarbeit bündeln. 1 und 4 Die Farben der Stellenwerte entsprechen den Montessori-Farben. Roter Kasten: Wortspeicher nutzen.

1

2

3 a)

a)	2	Z	+	1	E	=		
	2	0	+	1		=		

b)

4 Welche Zahl ist es? Schreibe wie im Beispiel. Lies die Zahl.

a)	5	Z	+	8	E	=	5	8
	5	0	+	8		=		

achtundfünfzig

a)	Z	E
	5	8

b)	Z	E
	2	9

c)	Z	E
	6	5

d)	Z	E
	1	4

e)	Z	E
	0	6

f)	Z	E
	8	0

5

a)	5	Z	+	4	E	=	5	4
	5	0	+	4		=		

a) 5 Z + 4 E　　b) 4 Z + 8 E　　c) 6 Z + 6 E　　d) 0 Z + 5 E

e) 2 Z + 6 E　　f) 1 Z + 9 E　　g) 7 Z + 0 E　　h) 10 Z + 0 E

6

a)	3	7	=	3	Z	+	7	E
	3	7	=	3	0	+		

a) 37　　　　b) 45　　　　c) 71　　　　d) 62　　　　e) 59

f) 46　　　　g) 64　　　　h) 80　　　　i) 38　　　　j) 83

7 Viele Rechenschiffe. Zahline hat Stifte gelegt. Welche Zahlen zeigen sie?

zehn

fünfzig

vierzig

zwanzig

dreißig

sechzig

	1	0	zehn
	2	0	

1 und **2** Große Anzahlen erfassen. **1** Auf dem Metallophon zehn einzelne Töne durch ein Ratschen als Zehner ersetzen. **2** Immer zehn Büroklammern zu einer Kette bündeln. **4** Zusätzlich: Unterschied in Sprechweise (erst Einer) und Schreibweise (erst Zehner) bewusst machen. Nach dieser Seite empfiehlt sich eine Lernstandsfeststellung.

1

Wie heißt die Zahl?

a) 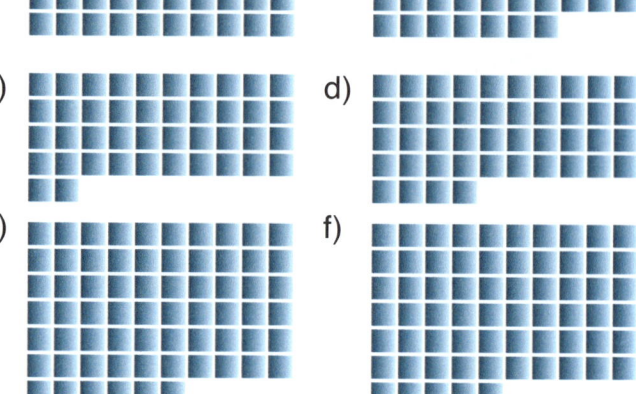 b)

c) d)

e) f)

35 = 3 Z + 5 E
35 = 30 + 5

2 Kannst du Zahlines Geheimschrift lesen? Wie heißt die Zahl?

 5 Z + 3 E = 53

a)  b) c) d)

3 Wie heißt die Zahl? Zeichne und schreibe in dein Heft.

a) 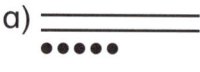 b) 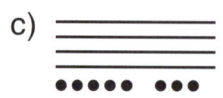 c) 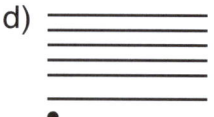 d) 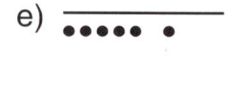 e)

4 Zeichne fünf Zahlen in Geheimschrift. Dein Partner schreibt die Zahlen dazu.

5 Zeichne in Geheimschrift und schreibe die Zahl dazu.

a) dreiundzwanzig   b) siebenundvierzig   c) fünfundsechzig
d) zweiundachtzig   e) zweiundsiebzig   f) achtunddreißig

6 Welche Karten passen zusammen? Schreibe und zeichne.

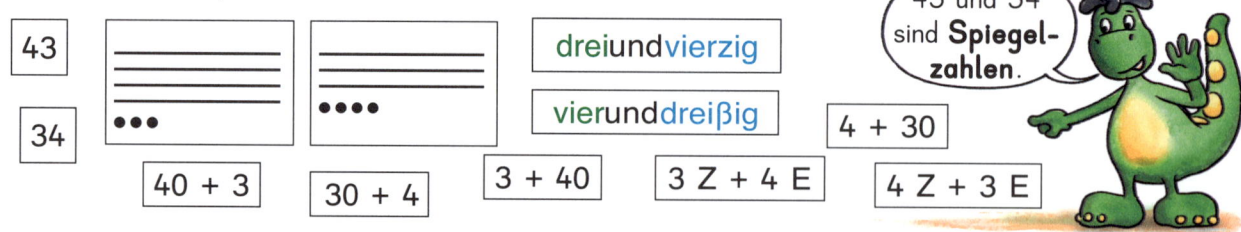

43 und 34 sind **Spiegelzahlen**.

43

34

dreiundvierzig

vierunddreißig

4 + 30

40 + 3

30 + 4

3 + 40

3 Z + 4 E

4 Z + 3 E

7 Ⓕ Zeichne zwei Spiegelzahlen in Geheimschrift und schreibe die Zahlen dazu.
Beide Zahlen haben zusammen 5 Zehnerstriche und 5 Einerpunkte.

8 Ⓕ Zeichne und schreibe auf wie in Aufgabe 7. Wie viele Zahlenpaare findest du?

a) 4 Zehnerstriche
4 Einerpunkte

b) 8 Zehnerstriche
8 Einerpunkte

c) 9 Zehnerstriche
9 Einerpunkte

1 Am großen Rechenrahmen Zahlen einstellen und ablesen. Zusätzlich: Unterschied in Sprechweise (Einer zuerst) und Schreibweise (Zehner zuerst) bewusst machen.

1 Lege mit den Zehner- und Einerkarten Zahlen. Dein Partner schreibt in Geheimschrift.

2 Lege jeweils Zahl und Spiegelzahl mit Zehner- und Einerkarten. Zeichne dann in Geheimschrift.

6 0	3 0	2 0
5 0	7 0	4 0
9 0	1 0	8 0

zweiundsechzig — sechsundzwanzig
neunundfünfzig — fünfundneunzig
siebenundvierzig — vierundsiebzig
dreiundachtzig — achtunddreißig

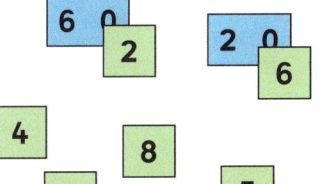

3 Lege nach. Zerlege in Zehner und Einer.

a) `4 9` `9 5` `6 0` `1 7` `5 4` `2 8`

b) `1 5` `7 1` `8 4` `4 6` `3 3` `7 3`

| a) | 4 9 = 4 0 + 9 |
| | 9 5 = |

4 Immer vier Karten passen zu der vorgegebenen Zahl. Schreibe und zeichne.

a) 28   2 E + 8 Z   80 + 2   20 + 8   _____   2 Z + 8 E   8 + 20

b) 37   70 + 3   3 Z + 7 E   _____   30 + 7   7 E + 3 Z   3 E + 7 Z

c) 46   4 Z + 6 E   6 + 40   60 + 4   40 + 6   sechsundvierzig   6 Z + 4 E

5 Denke dir selbst Zahlen aus. Schreibe Karten wie in Aufgabe 4 und zeichne. Dein Partner löst die Aufgaben.

6 Welche Zahl ist gesucht? Einmal gibt es vier Lösungen.

a) Die Zahl hat vier Zehner weniger und drei Einer mehr als 84.

b) Die Zahl ist größer als 85. Die Anzahl der Zehner ist um eins kleiner als die Anzahl der Einer.

c) Die Zahl hat null Einer und sieben Zehner.

d) Die Zahl hat doppelt so viele Einer wie Zehner. Sie ist kleiner als 50.

7 Erfinde eigene Zahlenrätsel wie in Aufgabe 6.

2 Zusätzlich: Unterschied in Sprechweise (Einer zuerst) und Schreibweise (Zehner zuerst) bewusst machen.
3 Zusätzlich: Zahlendiktat: Ein Kind diktiert Zahlen, der Partner schreibt sie auf.

1   Zahline hat Plättchen in die Stellenwerttafel gelegt. Wie heißt die Zahl?

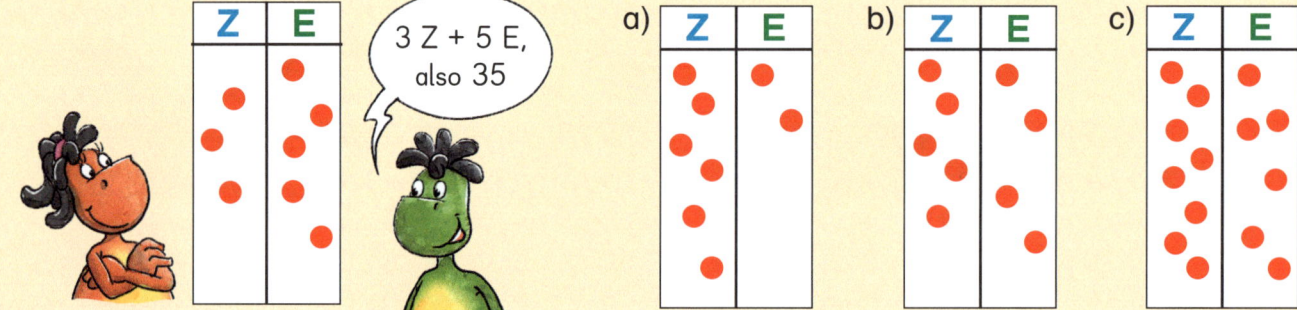

3 Z + 5 E, also 35

a)   b)   c)

2   Lege mit Plättchen eine Zahl wie Zahline. Dein Partner sagt die Zahl.

3

Wie heißt die Zahl, wenn Zahlix ...

a) bei den Zehnern ein Plättchen dazulegt?
b) bei den Einern ein Plättchen dazulegt?
c) bei den Zehnern ein Plättchen wegnimmt?
d) bei den Einern ein Plättchen wegnimmt?

4

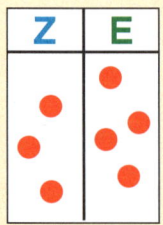

Wie heißt die Zahl, wenn Zahline ...

a) bei den Zehnern zwei Plättchen dazulegt?
b) bei den Einern vier Plättchen dazulegt?
c) bei den Zehnern zwei Plättchen wegnimmt?
d) bei den Einern drei Plättchen wegnimmt?

5

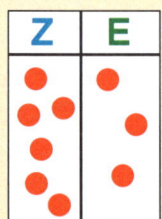

Zahlix hat eine Zahl gelegt. Wie heißt sie?

a) Zahlix verschiebt ein Plättchen von den Einern zu den Zehnern. Wie heißt die Zahl jetzt?
b) Zahlix verschiebt ein Plättchen von den Zehnern zu den Einern. Wie heißt die Zahl jetzt?

6   a) Lege Zahlen mit genau fünf Plättchen.

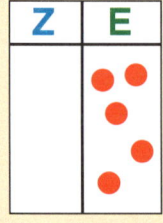 ... oder so ... 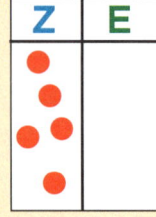 ... oder so ... 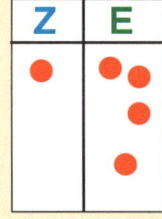 ... oder ...

b) Findest du alle sechs Zahlen? Ordne sie der Größe nach. Was fällt dir auf?

7

a) Welche Zahlen kannst du mit sieben Plättchen legen? Wie viele sind es?
b) Welche Zahlen kannst du mit neun Plättchen legen? Wie viele sind es?
c) Mit welcher Anzahl von Plättchen kannst du nur eine Zahl legen?

1 bis 7 Aufgaben mit der Möglichkeit natürlicher Differenzierung zum Ausbau aller Niveaustufen.

20 **30** **40** **50** **60**

70

10

80

0

90

100

1 Zähle in Zehnerschritten und zeige an der Hunderterkette.
a) vorwärts: 10, 20, 30, ...   b) rückwärts: 100, 90, 80, ...

2 Welche Zahlen liegen dazwischen?
a) zwischen 60 und 70   b) zwischen 30 und 40   c) zwischen 50 und 60
d) zwischen 40 und 50   e) zwischen 70 und 80   f) zwischen 90 und 100

3 Zeige die Zahlen, schreibe sie dann mit ihren Nachbarn auf:
Vorgänger (V) und **N**achfolger (N).

a) 74   b) 32   c) 69   d) 70
   48   83   1   41
   35   49   55   97

	V		Zahl		N	
a)	7 3		7 4		7 5	
			4 8			

f) Wähle selbst Zahlen und bestimme Vorgänger und Nachfolger.

4 Seelöwen-Rätsel. Welche Zahl ist es?

a) Mein Vorgänger ist 76.
b) Mein Nachfolger ist 29.
c) Mein Vorgänger ist 89.
d) Mein Nachfolger hat 4 Zehner und 3 Einer.
e) Mein Vorgänger ist doppelt so groß wie 30.
f) Mein Nachfolger ist halb so groß wie 100.

5 Zeige die Zahlen mit einem Stift.
Wie heißen die **N**achbar**z**ehner (NZ)?

a) 74   b) 55   c) 73   d) 81   e) 25
   48   37   82   18   74
   35   29   97   65   46

	NZ		Zahl		NZ	
a)	7 0		7 4		8 0	
			4 8			

6 Vor und zurück zu den Nachbarzehnern. Schreibe immer zwei Aufgaben.

a) 76 + ■ = 80   b) 34 + ■ = 40   c) 43 + ■ = 50
   76 − ■ = 70   34 − ■ = 30   43 − ■ = 40

d) 85 + ■ = ■   e) 97 + ■ = ■   f) 62 + ■ = ■
   85 − ■ = ■   97 − ■ = ■   62 − ■ = ■

a)	7 6	+ 4	= 8 0
	7 6	− 6	=

g) Zähle immer die beiden mittleren Zahlen zusammen. Was fällt dir auf?

7 Vor und zurück zu den Nachbarzehnern. Schreibe wie in Aufgabe 6.

a) 59   b) 21   c) 47   d) 66   e) 92

4 Zusätzlich: Eigene Seelöwen-Rätsel erfinden. Der Partner löst sie.

Ich zeige die Zahl 24.

1 | Welche Zahlen werden hier gezeigt? Schreibe auf: A = 5,   B = █

a)

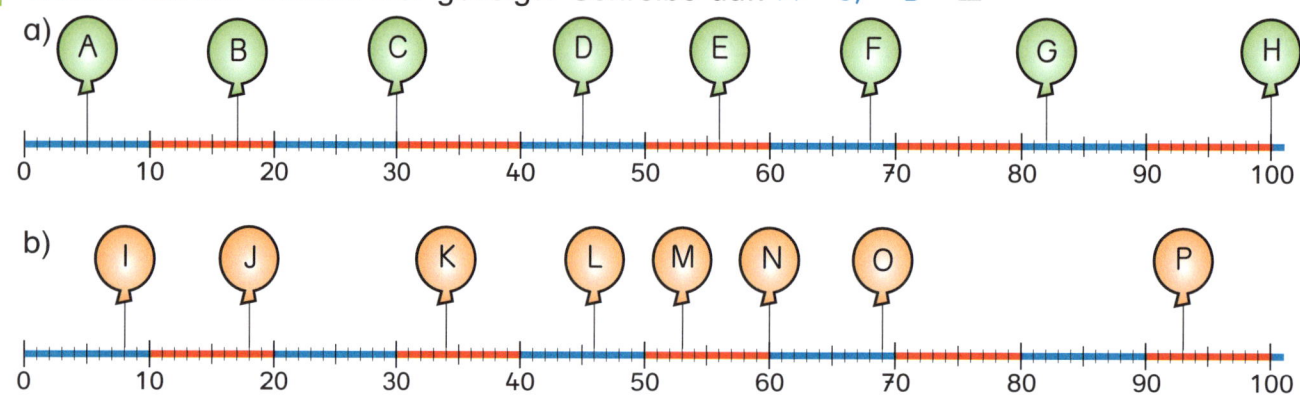

b)

2 | Zahlenrätsel. Schau beim Lösen auf die Luftballons. Welche Zahl ist gemeint?

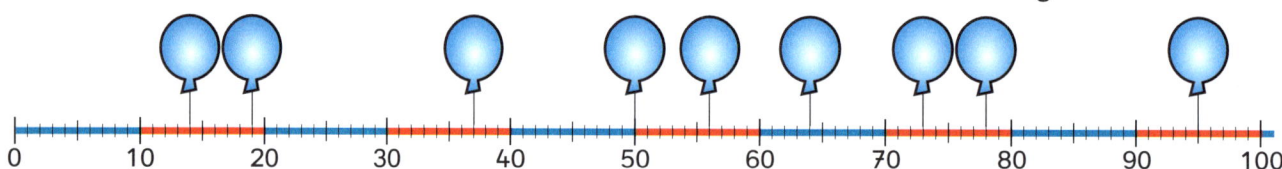

a) Die Zahl ist größer als 90.   b) Die Zahl ist kleiner als 50 und größer als 30.
c) Die Zahl ist eine Zehnerzahl.   d) Die Zahl liegt zwischen 60 und 70.
e) Die Zahl ist um 4 kleiner als 60.   f) Die Zahl ist um 8 größer als 70.
g) Die Zahl ist halb so groß wie 38.   h) Die Zahl ist kleiner als 20 und gerade.
i) Die Zahl liegt zwischen 70 und 80 und ist ungerade.

3 | Nach rechts werden die Zahlen am Zahlenstrahl immer größer, nach links
werden die Zahlen immer kleiner. Zeige die Zahlen, dann setze ein. < , >

a) 30 ◯ 19   b) 34 ◯ 43   c) 36 ◯ 63   d) 46 ◯ 64
   57 ◯ 47   45 ◯ 14   31 ◯ 13   45 ◯ 54
   28 ◯ 32   71 ◯ 56   87 ◯ 78   91 ◯ 19

4 | Vergleiche. Verwende jede Zahl nur einmal.

a) 22 17 43 71 57 32 64 75   <

a) | 1 | 7 | < | 5 | 7 |
|---|---|---|---|---|
| 2 | 2 | < | | |

b) 25 20 29 32 22 35 28 30   >

c) 11 13 67 69 76 99 110 103   <

5 | Zeige die Zahlen und ordne sie der Größe nach. Beginne mit der kleinsten Zahl.

a) 80 54 46 37 18 5

a) | 5 | < | 1 | 8 | < |
|---|---|---|---|---|

b) 46 28 46 51 17 69

c) 70 38 73 77 17 57

4 Zusätzlich: Alle Zahlen der Größe nach ordnen.

1 Aufgepasst! Welche Zahlen werden hier gezeigt?

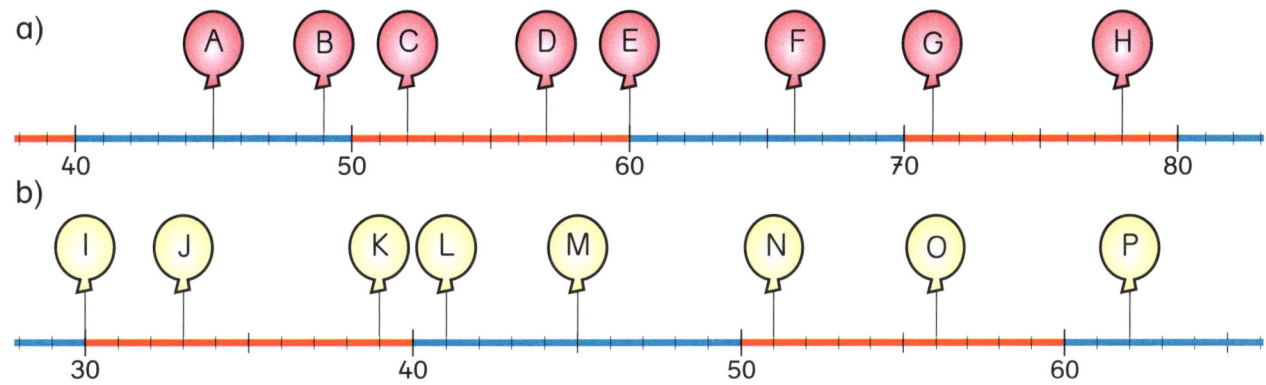

a)

b)

2 Wie geht es weiter? Zeige am Zahlenstrahl und schreibe
die Zahlenfolge auf. Wie viele Sprünge sind es bis zum Ziel?   a) 5, 10,

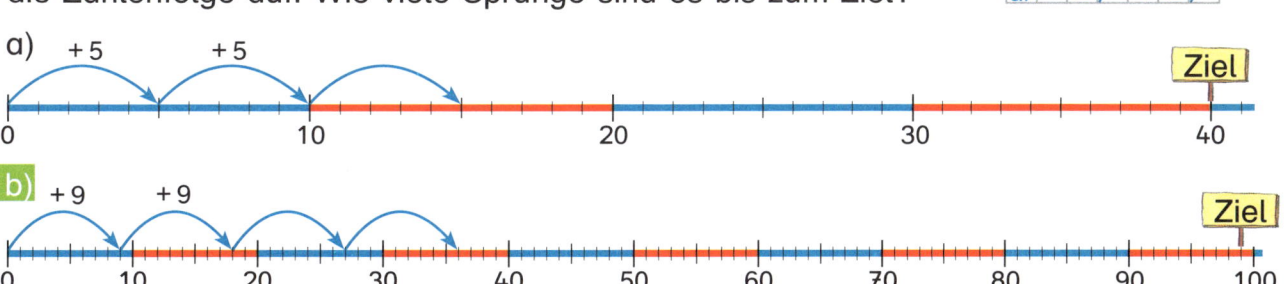

a)   +5   +5

b)   +9   +9

3 Rechne nach der Regel. Schreibe noch fünf Zahlen dazu.

a) immer + 4:   60, 64, ...   b) immer + 6:   30, 36, ...   c) immer − 7:   70, 63, ...

4 Wie geht es weiter? Schreibe noch fünf Zahlen dazu. Notiere die Regel.

a) 20, 24, 28, ...   b) 60, 57, 54, ...   c) 8, 16, 24, ...   d) 80, 75, 70, ...

5 Das sind gerade Zahlen. Schreibe die nächsten fünf geraden Zahlen dazu.

a) 0, 2, 4, 6, ...   b) 20, 22, 24, ...   c) 50, 52, 54, ...   d) 74, 76, 78, ...

6 Das sind ungerade Zahlen. Schreibe die nächsten fünf ungeraden Zahlen dazu.

a) 1, 3, 5, 7, ...   b) 21, 23, 25, ...   c) 51, 53, 55, ...   d) 75, 77, 79, ...

7 a) Schreibe zuerst alle geraden Zahlen auf, dann alle ungeraden Zahlen.

   14   19   25   38   41   44   50   52   67   76   93   91

b) Was fällt dir auf?
   Regel: Eine Zahl ist gerade, wenn die Einerziffer ▭ ist.
   Regel: Eine Zahl ist ungerade, wenn die Einerziffer ▭ ist.

Nach dieser Seite empfiehlt sich eine Lernstandsfeststellung.

1

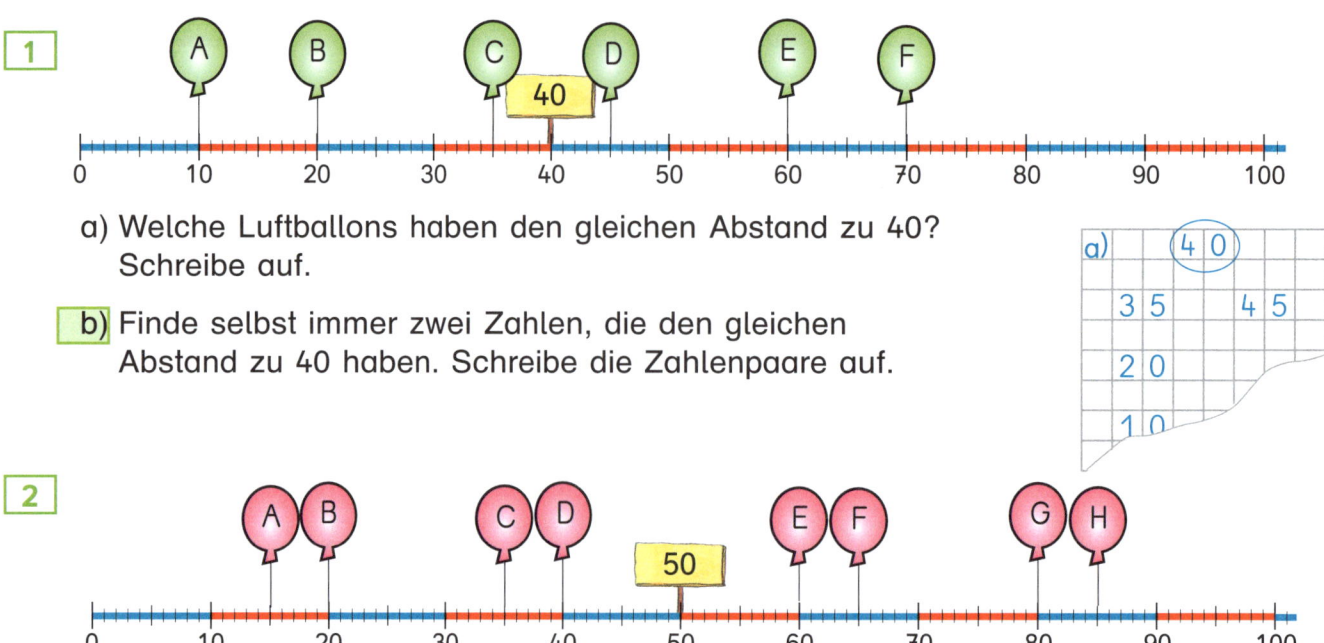

a) Welche Luftballons haben den gleichen Abstand zu 40?
Schreibe auf.

b) Finde selbst immer zwei Zahlen, die den gleichen
Abstand zu 40 haben. Schreibe die Zahlenpaare auf.

2

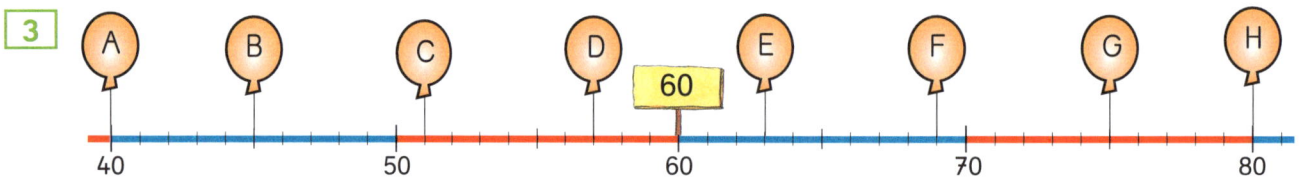

a) Welche Luftballons haben den gleichen Abstand zu 50?
Schreibe wie in Aufgabe 1.

b) Finde selbst immer zwei Zahlen, die den gleichen Abstand zu 50 haben.
Schreibe die Zahlenpaare auf.

3

a) Welche Luftballons haben den gleichen Abstand zu 60? Schreibe wie in Aufgabe 1.

b) Finde selbst immer zwei Zahlen, die den gleichen Abstand zu 60 haben.
Schreibe die Zahlenpaare auf.

4 a) Wähle selbst eine Zahl.
Suche Zahlen, die den gleichen
Abstand zu dieser Zahl haben.
Schreibe die Zahlenpaare auf.
Wähle einfache
und schwierige Beispiele.

b) Zähle jeweils die beiden Zahlen eines Zahlenpaares zusammen.
Vergleiche mit der Zahl in der Mitte. Was fällt dir auf?

5 Welche Zahl steht in der Mitte zwischen den beiden Ballons?

a)
b)
c)

1 bis 5 Aufgaben mit der Möglichkeit natürlicher Differenzierung zum Ausbau aller Niveaustufen.

1 Wo sitzen die Kinder? Trage die Nummern der Plätze in die Hundertertafel ein.

Kim Platz 43	Ali Platz 36
Tina Platz 10	Anton Platz 45	Murat Platz 52	Alina Platz 27
Metin Platz 88	Luca Platz 33	Sarah Platz 60	Olga Platz 13

Wo sitzen die Kinder?

2 Ein Platz ist besetzt. Trage auch die Nummern der anderen Plätze ein.

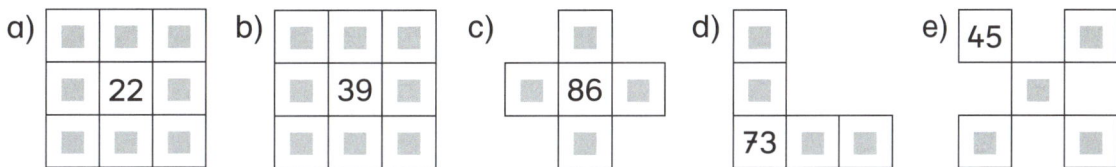

a) 22   b) 39   c) 86   d) 73   e) 45

3 Wer sitzt in der Nähe von Stefanie? Wer sitzt in der Nähe von Sebastian?
   Zeige einen Platz. Dein Partner nennt das Kind, das dort sitzt.

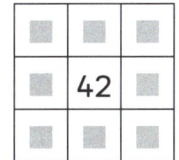 42   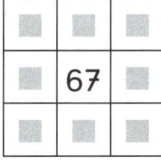 67

Stefanie   Sebastian

31 Peter	51 Tobias	58 Laura
32 Jens	52 Murat	66 Kevin
33 Luca	53 Gina	68 Anne
41 Julia	56 Nadine	76 Erik
43 Kim	57 Bilal	77 Lukas

Und ich?

4 Lena sitzt auf Platz 72. Wo sitzen die anderen Kinder?
   Schreibe die Nummer des Platzes auf.

   a) Miriam sitzt links neben Lena.   b) Johannes sitzt vor Lena.
   c) Markus sitzt rechts neben Lena.   d) Katja sitzt hinter Lena.

5 Wo sitzen die Kinder? Die Hinweise helfen dir.

   a) Moritz sitzt auf Platz 38.   b) Tim sitzt auf Platz 5.
      Ayse sitzt vor Kati.   Vanessa sitzt hinter Alex.
      Kati sitzt rechts neben Moritz.   Alex sitzt hinter Tim.
      Leoni sitzt links neben Ayse.   Vanessa sitzt rechts neben Pia.

6 a) Maja sitzt links neben Lara.   b) Kai sitzt hinter Max.
      Simon sitzt auf Platz 96.   Kai sitzt links neben Nora.
      Lara sitzt vor Simon.   Ina sitzt zwischen Nora und Marie.
      Maja sitzt hinter Viktor.   Marie sitzt auf Platz 50.

7 Wer sitzt wo? Erfindet selbst Aufgaben.

Buchbeilage „Hundertertafel" verwenden.

1 Schreibe das Gedicht in dein Heft.

Ich ▢▢▢▢▢ jeden ▢▢▢ .
7 39 72 12 48   91 3 64

Ich mache, was ich ▢▢▢ .
42 3 76

Mal springe ich im ▢▢▢▢
41 16 91 44

und ▢▢▢▢▢ es ganz ▢▢▢▢ !
52 6 72 19 16   72 48 44 91

1		A			I	S			10
11	G					E		D	20
21	L		A						O
31		U						I	P
B	M		T				E		50

51	F	K				W			60
61				G		S	V	N	70
71	N						G	H	80
81		C	R					Z	90
T					M				100

2 Wie heißen Jakobs Freunde?

a) ▢▢▢▢▢▢
66 39 42 30 72 48

b) ▢▢▢▢▢▢▢
96 39 83 77 24 16 22

c) ▢▢▢▢▢▢
19 3 69 6 48 22

3 Lies die geheime Botschaft von Zahline an Zahlix.

▢▢▢   ▢▢▢▢▢   ▢▢▢▢▢   ▢▢▢   ▢▢▢▢
57 6 84   12 16 77 48 69   77 16 33 91 48   39 69 7   53 6 72 30

4 Schreibt euch geheime Botschaften.

5 Dein Partner sagt dir eine Zahl. Schreibe
sie auf den richtigen Platz in die Hundertertafel.
Trage auch die Zahlen darüber
und darunter ein. Dann wechselt euch ab.

37

6 a) Trage alle Zahlen ein,
in denen eine 5 vorkommt.
b) Wie viele Zahlen sind es?

7 Trage alle Zahlen ein, in denen eine 8 vorkommt. Wie viele Zahlen sind es?

8 a) Welche Zahlen stehen unter der 8? Schreibe so: 8, 18, 28, …
b) Welche Zahlen stehen unter der 4, welche unter der 2, welche unter der 7?
c) Welche Regel erkennst du bei den Zahlenfolgen in a) und b)?

9 Gehe immer zwei Reihen nach unten. Beginne bei 26. Schreibe die Zahlenfolge.

10 Trage die folgenden Zahlen ein. Verbinde die Plätze. Was fällt dir auf?
a) Die Zehnerziffer und die Einerziffer sind gleich.
b) Die Zehnerziffer ist um 2 kleiner als die Einerziffer.
c) Finde selbst ähnliche Aufgaben.

11 Bei welchen Zahlen ist die Zehnerziffer doppelt so groß wie die Einerziffer?

Buchbeilage „Hundertertafel" verwenden. **1** bis **3** Lösungswörter mit Hilfe der Buchstaben in der Hundertertafel neben Aufgabe 1 bestimmen. **9** Zusätzlich: Weitere Startzahlen wählen; Zahlenfolgen aufschreiben.

1

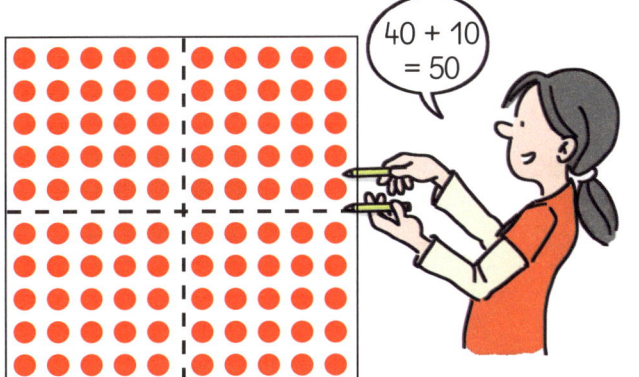

Zeige und lies die Zahlen.

10 + 10 =	20	zwan**zig**
20 + 10 =	30	drei**ßig**
30 + 10 =	40	vier**zig**
40 + 10 =	50	fünf**zig**
50 + 10 =	60	sech**zig**
60 + 10 =	70	sieb**zig**
70 + 10 =	80	acht**zig**
80 + 10 =	90	neun**zig**
90 + 10 =	100	einhundert

2 Zeichne in Geheimschrift und rechne.

a) 40 + 20 = ▨ b) 70 − 30 = ▨
   50 + 40 = ▨   60 − 50 = ▨
   30 + 40 = ▨   40 − 40 = ▨
   70 + 10 = ▨   100 − 30 = ▨

3 Zeige am Punktefeld und rechne.

a) 40 + 30   b) 10 + 10   c) 50 + 20   d) 60 − 20   e) 80 − 30   f) 100 − 40
  40 + 50   10 + 40   50 + 30   60 − 30   80 − 10   100 − 20
  40 + 40   10 + 20   50 + 50   60 − 10   80 − 50   100 − 50
  40 + 60   10 + 30   50 + 10   60 − 40   80 − 80   100 − 70

4 a) 30 + 20 + 10   b) 50 + 20 − 40   c) 100 − 40 − 20   d)
   40 + 10 + 20   70 + 30 − 50   90 − 50 + 10
   20 + 50 + 30   40 + 40 − 70   70 + 30 − 20
   50 + 30 + 10   90 + 10 − 80   80 − 40 + 30

> Denke dir Aufgaben mit dem Ergebnis 100 aus.

5

40   30
70
40 + 30 = 70
30 + 40 = 70
70 − 30 = 40
70 − 40 = 30

a) 30   50

b) 60   30

c) 30
100

d) 40
90

e) 30
60

6 Zahlenrätsel. Welche Zehnerzahl ist es?

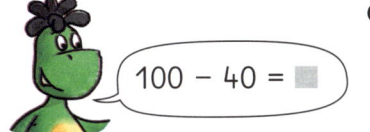

100 − 40 = ▨

a) Meine Zahl ist um 40 kleiner als 100.

b) Meine Zahl ist um 60 größer als 30.

c) Meine Zahl ist um 50 kleiner als 90.

1 bis **4** Buchbeilage „Hunderterpunktefeld" verwenden. **5** e) Kleines Plumino (vgl. S. 10).
Nach dieser Seite empfiehlt sich eine Lernstandsfeststellung.

Flächenformen und Symmetrie

1 Betrachte das Bild. Suche die Ausschnitte, beschreibe sie. Wie heißen die Flächen?

a)

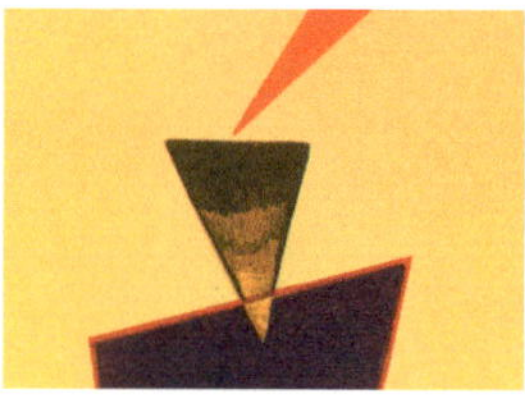

b)

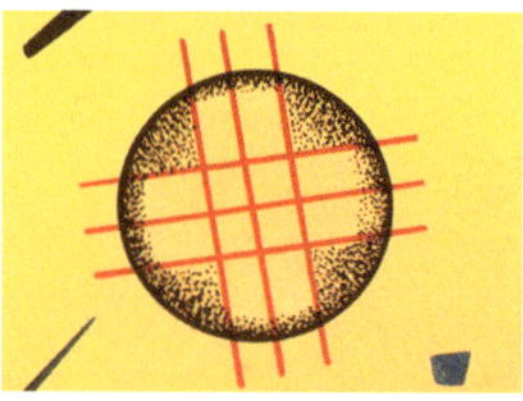

c)

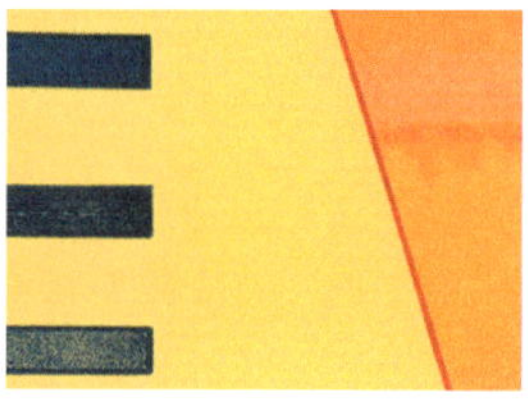

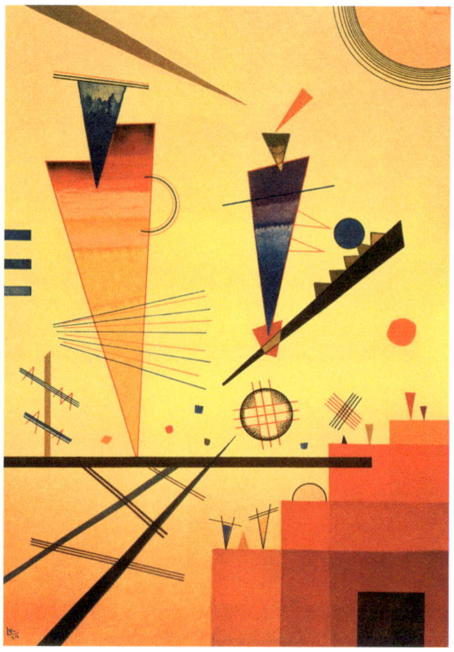

d)

e)

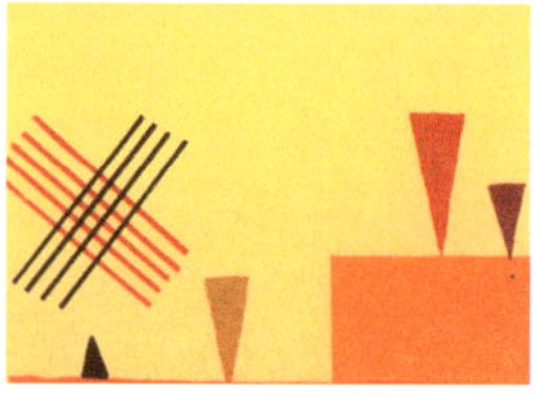

f)

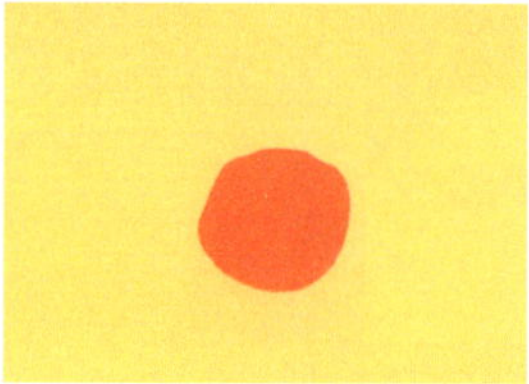

Wassily Kandinsky: Structure joyeuse

2

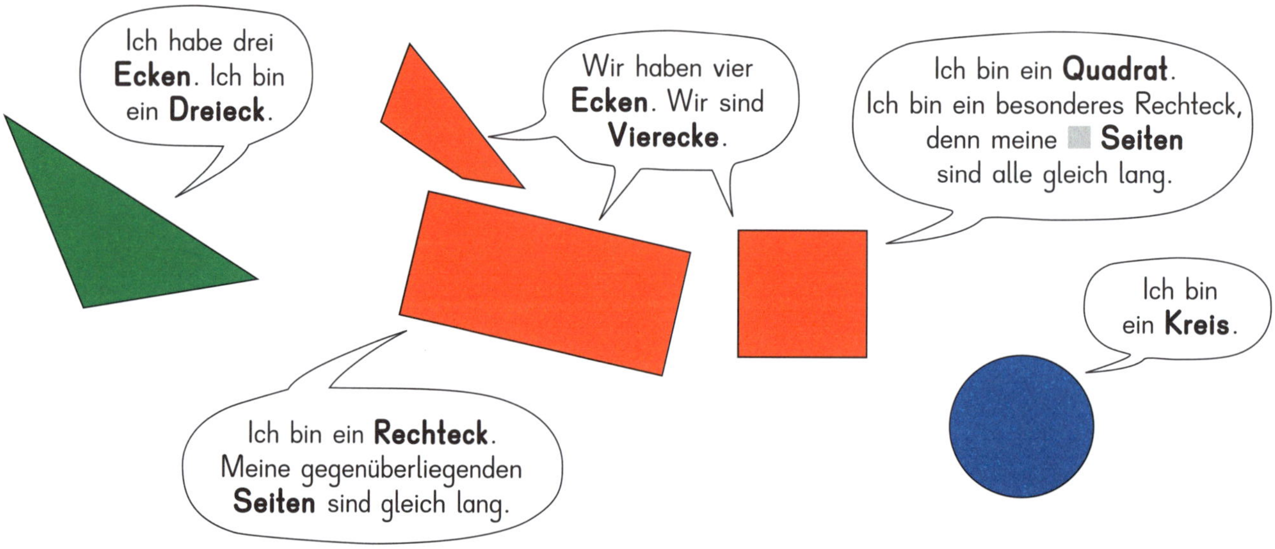

Ich habe drei **Ecken**. Ich bin ein **Dreieck**.
Wir haben vier **Ecken**. Wir sind **Vierecke**.
Ich bin ein **Quadrat**. Ich bin ein besonderes Rechteck, denn meine ▒ **Seiten** sind alle gleich lang.
Ich bin ein **Kreis**.
Ich bin ein **Rechteck**. Meine gegenüberliegenden **Seiten** sind gleich lang.

3 a) Welche Flächen sind Vierecke?
b) Welche Vierecke sind Rechtecke? Welche davon sind Quadrate? Begründe.
c) Welche Flächen sind Dreiecke?
d) Welche Flächen sind Kreise?

1
2
3
4
5
6
7
8
9
10
11
12
13
14
15
16
17

1 Zusätzlich: Eigene Bilder mit geometrischen Flächenformen herstellen. Gegenseitig beschreiben. 2 Gesprächsanlass: Alle Quadrate sind auch Rechtecke und Vierecke, alle Rechtecke auch Vierecke. 3 Eine Figur bleibt übrig.

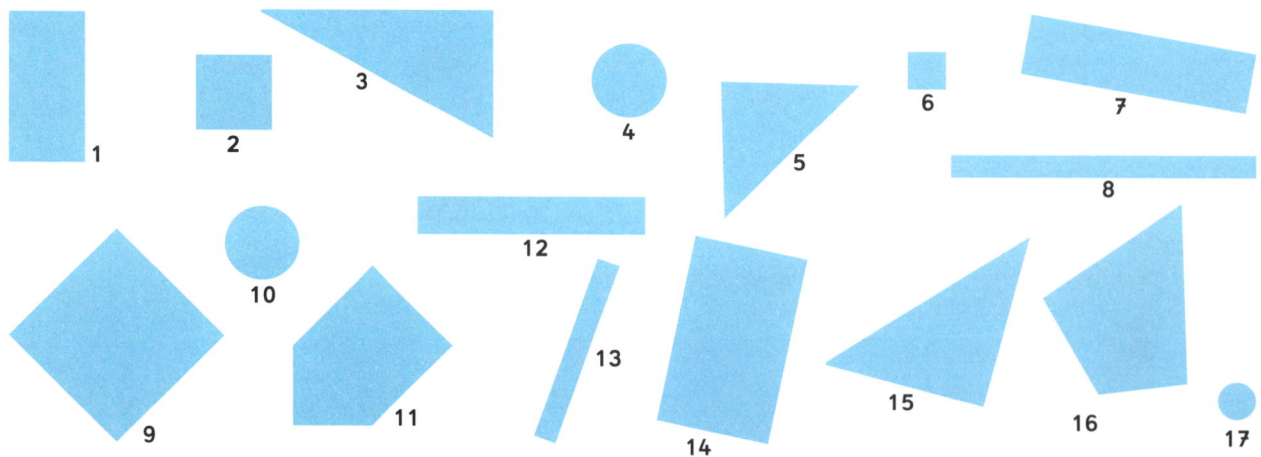

Für jede Figur brauchst du diese sechs Plättchen.
Lege die Figuren nach.

▲	▲	▴	■	▬	▪
1	4	0	0	1	0

Buchbeilage „Geometrische Formen" verwenden.

1 Spanne auf deinem Geobrett nach. Zeichne die Dreiecke auf Karopapier.

a) 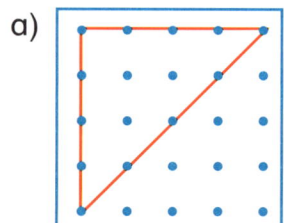  b) 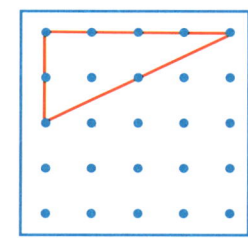 c)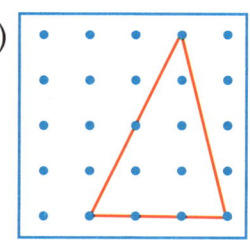

2 Spanne noch andere Dreiecke. Zeichne sie auf. Gib die Zeichnung deinem Partner. Er spannt sie auf dem Geobrett nach.

3 a) Spanne dieses Dreieck nach.
Dein Partner zeichnet es auf.

b) Spannt das Dreieck an verschiedenen Stellen des Geobrettes. Zeichnet eure Lösungen auf.

c) Vergleicht eure Lösungen in der Klasse.

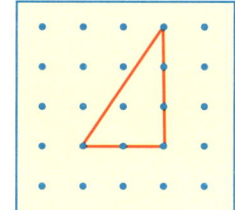 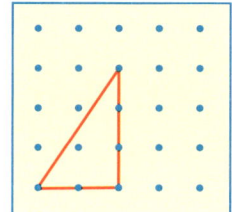

4 Spannt die Vierecke an verschiedenen Stellen des Geobrettes. Zeichnet jedesmal eure Lösung auf. Findet viele Möglichkeiten.

a) 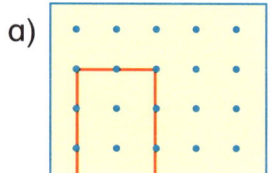 b) 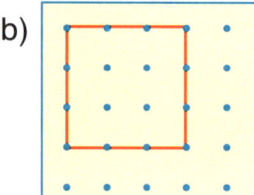 c) 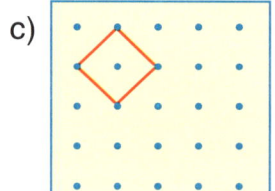 d)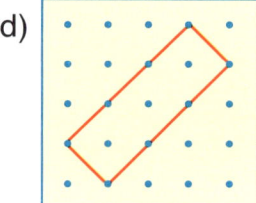

5 Spanne abwechselnd mit deinem Partner Dreiecke. Die Dreiecke dürfen sich nicht berühren. Wer als letztes ein Dreieck spannt, hat gewonnen.

6 Spanne auf deinem Geobrett. Zeichne deine Lösungen auf Karopapier. Vergleiche mit deinem Partner.

a) Spanne das größte Quadrat.

b) Spanne das kleinste Quadrat.

c) Spanne ein Quadrat, das auf der Spitze steht.

d) Spanne zwei Quadrate, die sich nicht berühren.

e) Spanne ein Quadrat und ein doppelt so großes Rechteck, die sich nicht berühren.

f) Spanne ein Dreieck und ein Quadrat, die sich nicht berühren. Das Dreieck soll möglichst groß sein.

4 Zusätzlich: Quadrate spannen. Untersuchen, wie viele verschiedene Quadrate man auf dem Geobrett spannen kann. 6 b) bis f): Es gibt verschiedene Möglichkeiten.

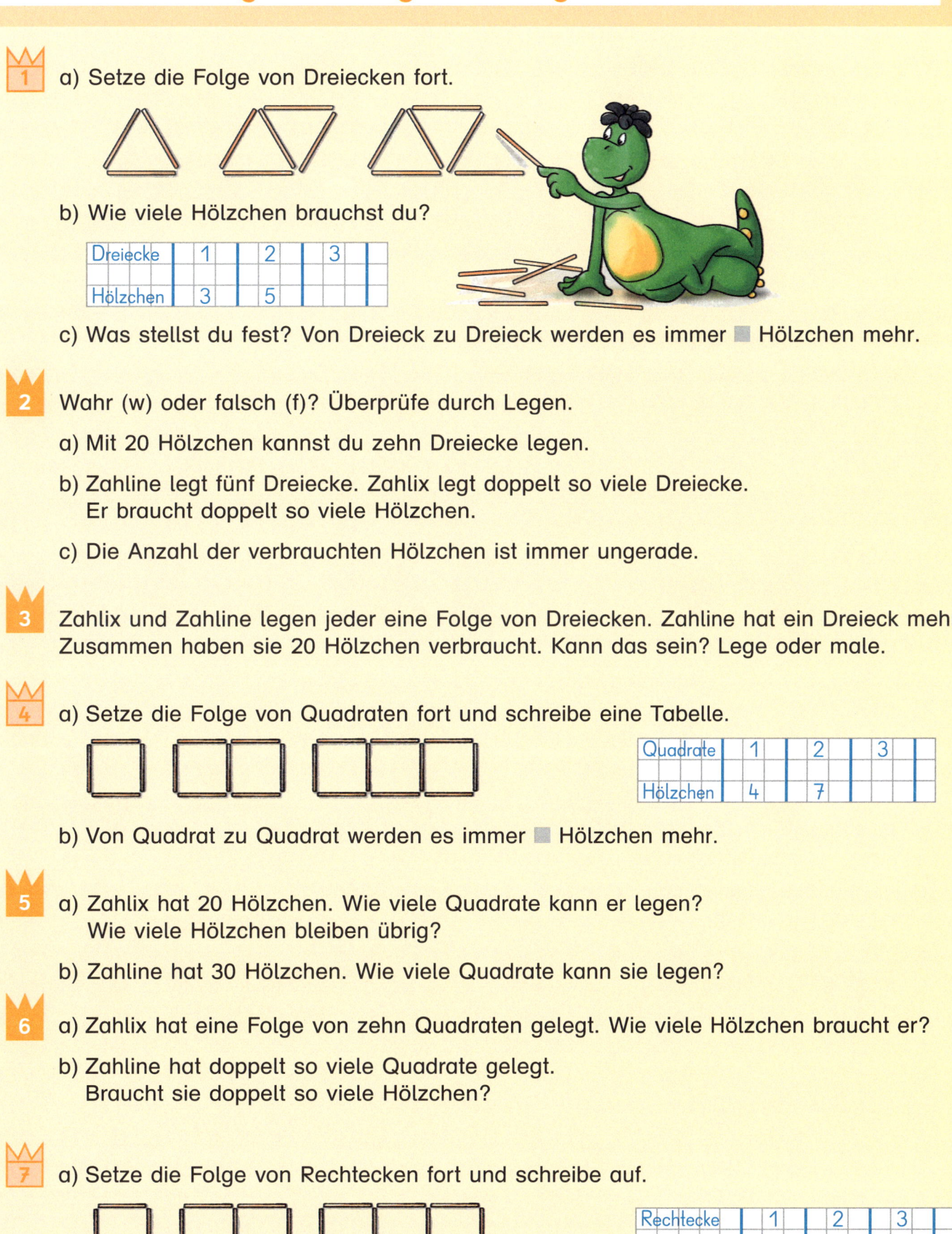

1 a) Setze die Folge von Dreiecken fort.

b) Wie viele Hölzchen brauchst du?

Dreiecke	1	2	3		
Hölzchen	3	5			

c) Was stellst du fest? Von Dreieck zu Dreieck werden es immer ■ Hölzchen mehr.

2 Wahr (w) oder falsch (f)? Überprüfe durch Legen.

a) Mit 20 Hölzchen kannst du zehn Dreiecke legen.

b) Zahline legt fünf Dreiecke. Zahlix legt doppelt so viele Dreiecke.
Er braucht doppelt so viele Hölzchen.

c) Die Anzahl der verbrauchten Hölzchen ist immer ungerade.

3 Zahlix und Zahline legen jeder eine Folge von Dreiecken. Zahline hat ein Dreieck mehr.
Zusammen haben sie 20 Hölzchen verbraucht. Kann das sein? Lege oder male.

4 a) Setze die Folge von Quadraten fort und schreibe eine Tabelle.

Quadrate	1	2	3		
Hölzchen	4	7			

b) Von Quadrat zu Quadrat werden es immer ■ Hölzchen mehr.

5 a) Zahlix hat 20 Hölzchen. Wie viele Quadrate kann er legen?
Wie viele Hölzchen bleiben übrig?

b) Zahline hat 30 Hölzchen. Wie viele Quadrate kann sie legen?

6 a) Zahlix hat eine Folge von zehn Quadraten gelegt. Wie viele Hölzchen braucht er?

b) Zahline hat doppelt so viele Quadrate gelegt.
Braucht sie doppelt so viele Hölzchen?

7 a) Setze die Folge von Rechtecken fort und schreibe auf.

Rechtecke	1	2	3		
Hölzchen	6	10			

b) Von Rechteck zu Rechteck werden es immer ■ Hölzchen mehr.

c) Ist die Anzahl der verbrauchten Hölzchen immer gerade, immer ungerade
oder einmal gerade und ein anderes Mal ungerade? Erkläre.

1 bis 7 Entdeckungen bei geometrischen und arithmetischen Folgen: Aufgaben mit der Möglichkeit natürlicher
Differenzierung zum Ausbau aller Niveaustufen. 3 Handelnd oder zeichnerisch die Aussage überprüfen.

Achsensymmetrische Figuren

38

Julia   Moritz   Sophie   Felix

Beschreibt, wie die Kinder im Bild ihre achsensymmetrischen Figuren
herstellen und wie die Figuren aussehen.
Stellt selbst achsensymmetrische Figuren auf verschiedene Weisen her.

2 a) Julia fertigt Faltschnitte an. Wie macht sie das? Erzähle. Was muss sie beachten?
b) Falte wie Julia ein Blatt Papier. Zeichne die Figuren, schneide aus und klappe auf.

A 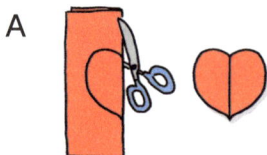   B    C

3 Falte und schneide so, dass diese achsensymmetrischen Figuren entstehen.

A 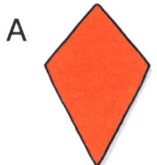   B    C    D    E

4 Welche Tintenklecksbilder gehören zusammen? Ordne zu.

①  ②  ③  ④ 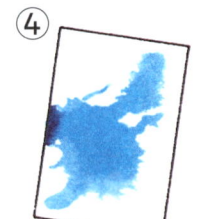 ⑤  ⑥

5 Spanne die Figur am Geobrett so weiter, dass sie achsensymmetrisch wird.

a) 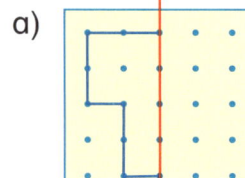   b) 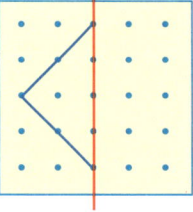   c) 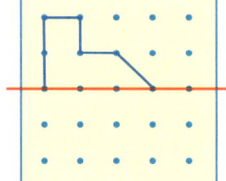   d)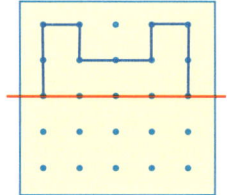

! 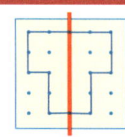 Dies ist eine **achsensymmetrische Figur**.
Die rote Linie ist die **Symmetrieachse**.

Roter Kasten: Wortspeicher nutzen. Zusätzlich: Symmetrie der Figuren mit einem Spiegel überprüfen.

1 Welche fünf dieser Bilder sind achsensymmetrisch?
Prüfe mit dem Spiegel.

A

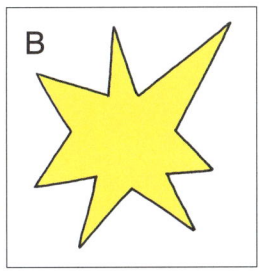

B

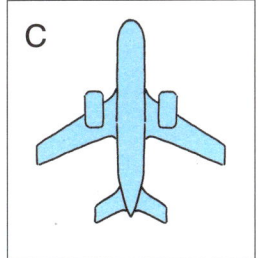

C

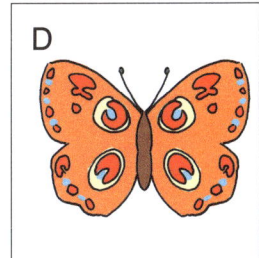

D

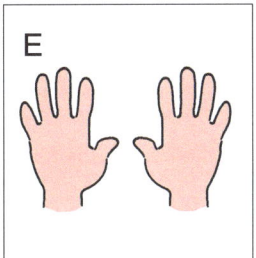

E

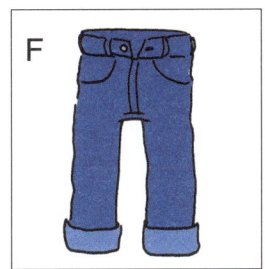

F

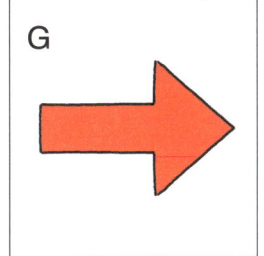

G

H

2

Teilnehmer: 2 Kinder
Material: Spielfeld,
geometrische Formen
Spielidee: Achsensymmetrische
Bilder herstellen.
Ein Kind legt eine Figur auf das Spielfeld.
Der Partner legt die spiegelbildliche
Figur. Mit dem Spiegel wird überprüft.
Dann wechselt euch ab.

3 Lege mit diesen Plättchen
achsensymmetrische Figuren.
Du brauchst nur die angekreuzten Plättchen.

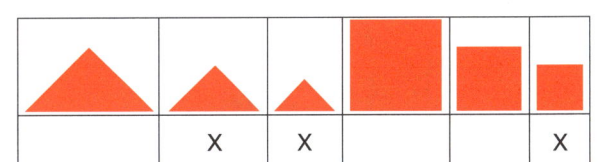

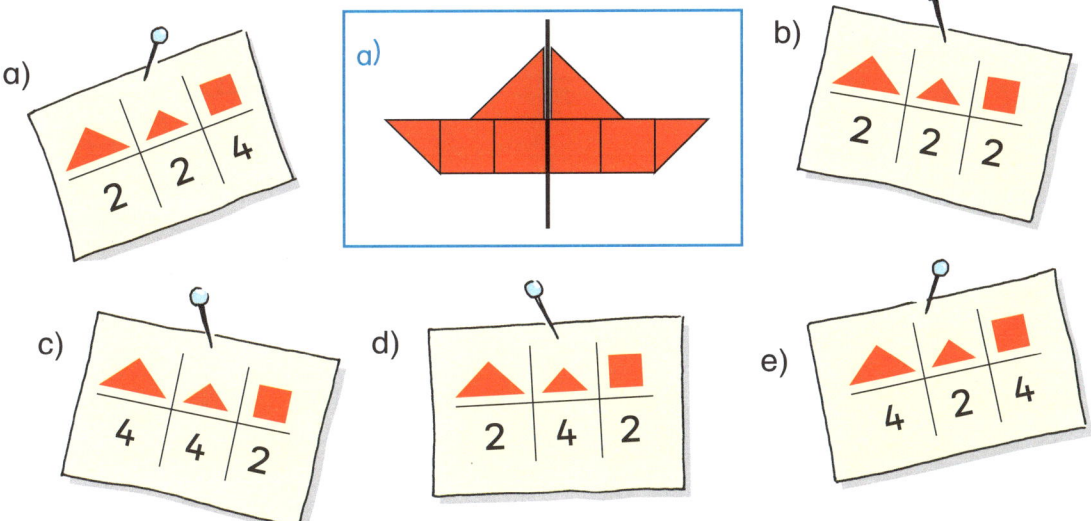

1 Zusätzlich: Über Symmetrien in der Umwelt sprechen. **2** und **3** Buchbeilage „Geometrische Formen"
verwenden. Zusätzlich: Gelegte Figuren außen umfahren. Bilder für eine Geometriekartei sammeln.
Den Partner nachlegen lassen. Nach dieser Seite empfiehlt sich eine Lernstandsfeststellung.

1

Z   E   +   E

1

5

8

6   3   9

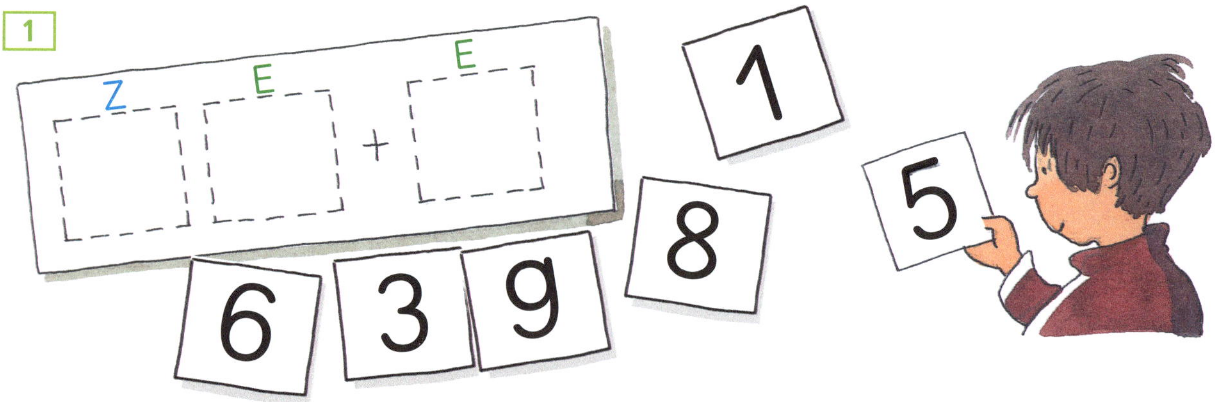

Ergebnis im selben Zehner:	Ergebnis im nächsten Zehner:
63 + 5 = _____	63 + 8 = _____
63 + 1 = _____	

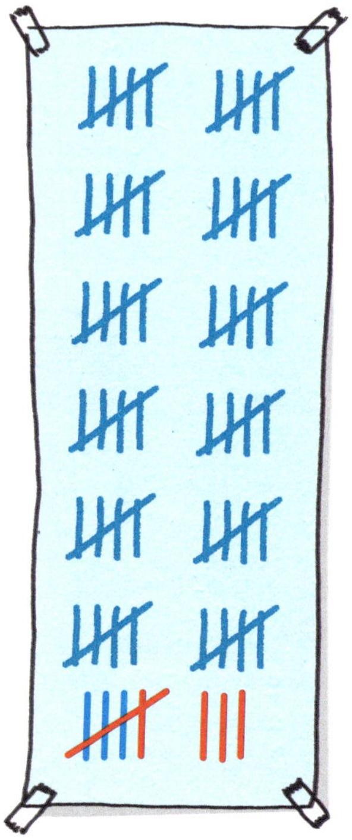

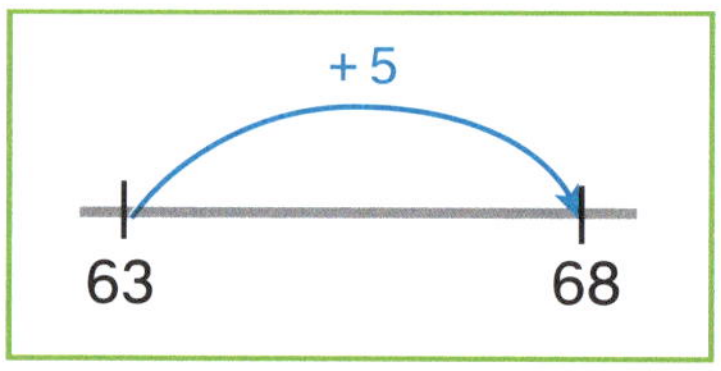

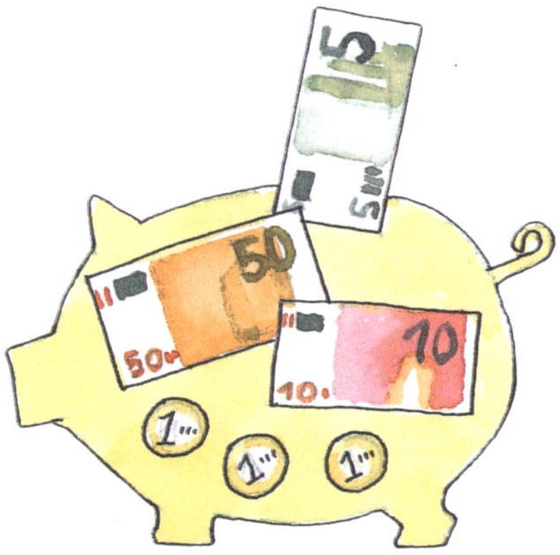

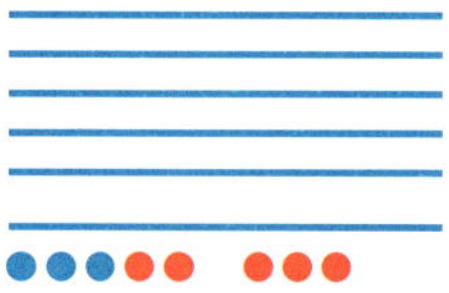

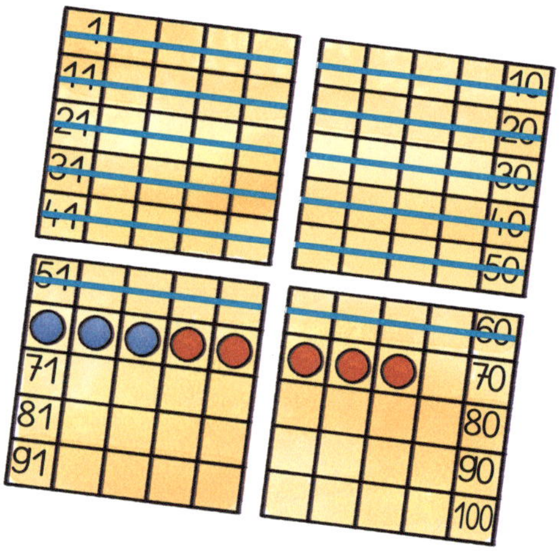

2

63 + 5

+5

63   68

60   70   80

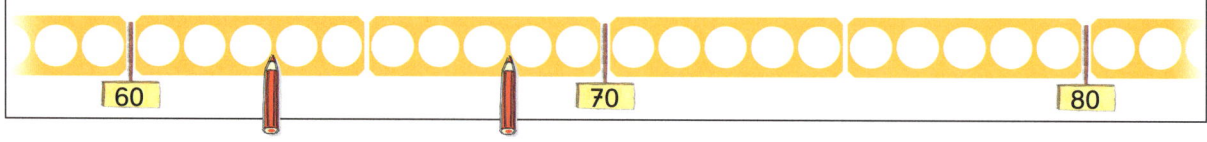

1

2 Zeige mit zwei Stiften und rechne. Schreibe auch die kleine Aufgabe.

a) 44 + 2

    44 + 5
    44 + 4

b) 41 + 4
    46 + 3
    42 + 6

c) 43 + 5
    45 + 4
    47 + 1

d) 45 + 2
    41 + 7
    42 + 4

3 Zeige mit zwei Stiften und rechne.

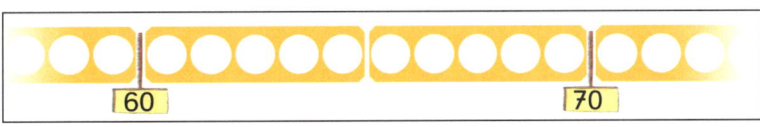

Denke auch hier an die kleine Aufgabe.

a) 61 + 2
    61 + 5
    61 + 8

b) 62 + 3
    62 + 6
    62 + 8

c) 64 + 3
    66 + 2
    61 + 6

d) 62 + 7
    69 + 0
    65 + 5

e) 63 + 2
    65 + 3
    67 + 3

4 Rechne zuerst. Kontrolliere dann mit den Lösungszahlen.

Nutze die blauen Lösungszahlen! Eine Geisterzahl bleibt übrig.

a) 22 + 5
    67 + 2
    45 + 3

b) 31 + 8
    76 + 2
    55 + 4

c) 63 + 3
    34 + 2
    23 + 5

27   28   36   39   48   53   59   66   69   78

5 Rechne. Die Tauschaufgabe hilft dir.

a) 3 + 43
    5 + 72
    1 + 95

b) 4 + 85
    7 + 61
    3 + 54

c) 2 + 73
    4 + 62
    5 + 83

46   57   66   68   75   77   88   89   93   96

W N

6 a) 8 = 5 + ☐
    8 = 2 + ☐

b) 5 = 1 + ☐
    5 = 3 + ☐

c) 7 = 2 + ☐
    7 = 4 + ☐

d) 9 = 3 + ☐
    9 = 5 + ☐

7 a) 65 + ☐ = 70
    63 + ☐ = 70

b) 26 + ☐ = 30
    29 + ☐ = 30

c) 92 + ☐ = 100
    97 + ☐ = 100

d) 81 + ☐ = 90
    84 + ☐ = 90

4 Erklärung der Selbstkontrollmöglichkeit mit Lösungszahlen. Es bleibt immer eine Zahl übrig.
6 und 7 Wiederholung als Vorbereitung zum Rechnen mit Zehnerübergang.

1

Erkläre, wie die Kinder gerechnet haben. Wie rechnest du?

2 Zeige mit zwei Stiften und schreibe auf.

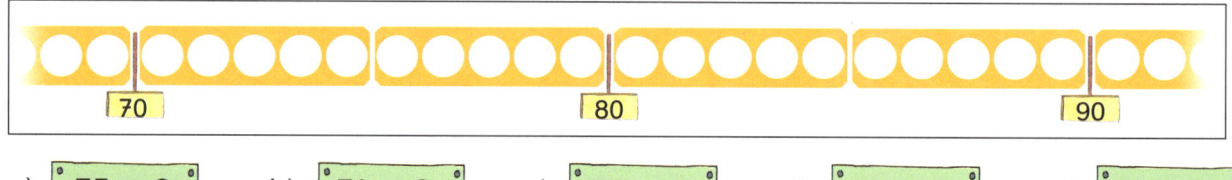

a) 75 + 6   b) 74 + 8   c) 76 + 5   d) 78 + 5   e) 76 + 7

3 Löse am Rechenstrich wie Emma.

a) 24 + 7

b) 78 + 6

c) 67 + 5

4 Rechne und schreibe wie Max.

a) 56 + 7   b) 37 + 5   c) 28 + 6   d) 67 + 4
   58 + 4   39 + 4   78 + 4   37 + 5
   57 + 6   36 + 6   48 + 3   87 + 7

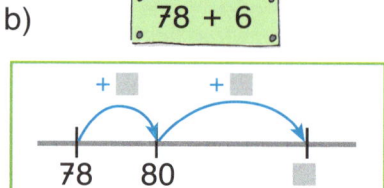

a)   5 6 + 7 =
   5 6 + 4 + 3 =

5 Rechne und schreibe wie Katharina.

a) 48 + 5   b) 86 + 5   c) 75 + 8   d) 55 + 6
   47 + 7   85 + 7   55 + 7   66 + 6
   46 + 6   87 + 6   35 + 6   77 + 6

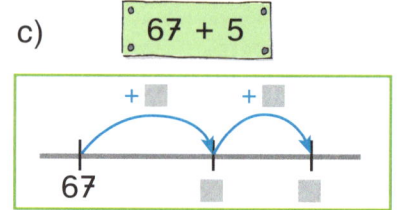

a)   4 8 + 5 =
   4 8 + 2 = 5 0
   5 0 +   =

6 Rechne und schreibe auf deinem Weg.

a) 56 + 5   b) 35 + 7   c) 77 + 8   d) 48 + 6   e) 29 + 3

7 Finde und rechne eigene Plusaufgaben mit Zehnerübergang.

1 Rechenkonferenz zu verschiedenen Schreibweisen und Arbeitsweisen beim schrittweisen Rechnen. Erklären, wie die Kinder gerechnet haben, Wege vergleichen und bewerten.

1 Rechne wie Eva vorteilhaft am Rechenstrich. Warum findet Eva das einfach?

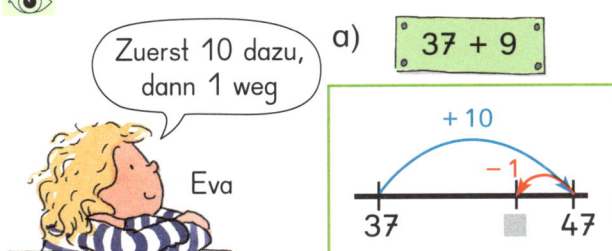

Zuerst 10 dazu, dann 1 weg — Eva

a) 37 + 9

b) 48 + 9

c) 57 + 8

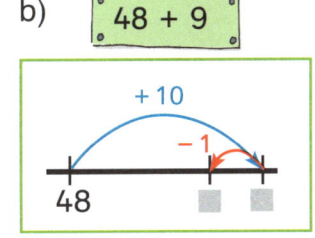
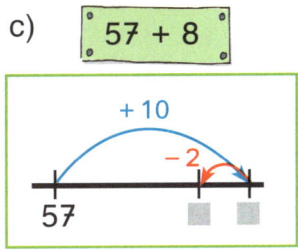

2 Rechne vorteilhaft wie in Aufgabe 1. Welche Geisterzahl bleibt übrig?

a) 85 + 9
28 + 9
63 + 9

b) 19 + 8
74 + 8
88 + 8

c) 69 + 9
42 + 9
17 + 9

d) 54 + 8
28 + 8
79 + 8

e) 43 + 9
72 + 9
86 + 9

26   27   36   37   51   52   62   72   78   81   82   85   87   94   95   96

3 Rechne vorteilhaft. Welche Geisterzahl bleibt übrig?

a) 49 + 7
29 + 8
89 + 5

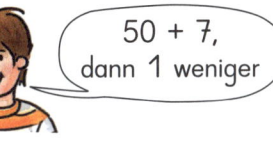

50 + 7, dann 1 weniger

b) 59 + 6
19 + 8
79 + 4

c) 29 + 5
69 + 8
39 + 6

d) 78 + 7
49 + 6
38 + 6

27   34   37   44   45   55   56   65   77   83   85   94   96

4 Rechne vorteilhaft.

a) 69 + 6
18 + 7
88 + 5

b) 58 + 9
49 + 8
49 + 7

c) 28 + 6
59 + 9
78 + 6

d) 79 + 8
39 + 5
28 + 8

e) 9 + 24
9 + 37
8 + 45

25   33   34   36   44   46   48   53   56   57   67   68   75   84   87   93

5 Rechne vorteilhaft.

20 + 7

a) 19 + 8 = 20 + ☐
29 + 7 = 30 + ☐
39 + 5 = 40 + ☐
89 + 6 = ☐ + ☐

b) 79 + 7 = 80 + ☐
28 + 6 = 30 + ☐
58 + 5 = 60 + ☐
68 + 9 = ☐ + ☐

c) 24 + 9 = ☐ + 10
45 + 9 = ☐ + 10
36 + 8 = ☐ + 10
87 + 8 = ☐ + 10

23 + 10

6

5 + 47 = ☐

52 + 5 = ☐

57 + 6 = ☐

0 + 5 = ☐

70 – 70 = ☐

69 + 1 = ☐

Das letzte Ergebnis und die Startzahl sind gleich.

63 + 6 = ☐

5	+	4	7	=	5	2
5	2	+		5	=	5	7
5	7	+		6	=	

7 Erfinde eigene Aufgaben für die Wäscheleine.

1 bis **4** Vorteilhaft rechnen: Zehnernähe nutzen. **5** Vorteilhaft rechnen: Gegensinnig verändern. **6** Übungsformat „Wäscheleine" kennen lernen: Mit einer beliebigen Aufgabe beginnen. Das Ergebnis ist die Startzahl der nächsten Aufgabe. Nach dieser Seite empfiehlt sich eine Lernstandsfeststellung.

1

2 Zeige mit zwei Stiften und rechne. Schreibe auch die kleine Aufgabe.

a) 48 – 2
48 – 7
48 – 4

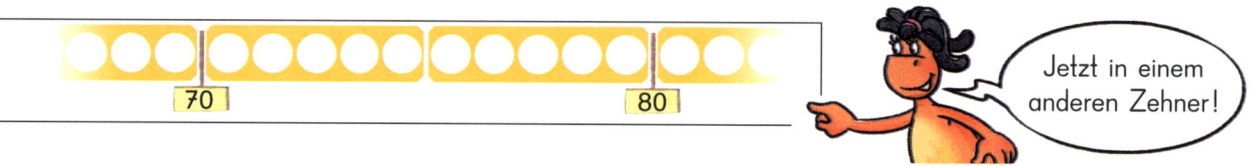

a)

	4	8	–	2	=	
			8	–	2	=	6

b) 49 – 3
47 – 2
43 – 3

c) 46 – 5
49 – 8
47 – 4

d) 42 – 2
45 – 3
49 – 7

3 Zeige mit zwei Stiften und rechne. Denke an die kleine Aufgabe.

Jetzt in einem anderen Zehner!

a) 78 – 6
78 – 3
78 – 7

b) 75 – 4
75 – 2
75 – 0

c) 79 – 4
77 – 7
76 – 5

d) 74 – 2
73 – 1
72 – 0

e) 76 – 5
79 – 8
77 – 4

4 Rechne und suche zwischen den blauen Lösungszahlen die Geisterzahl.

a) 37 – 5
84 – 1
35 – 2

b) 29 – 7
66 – 3
38 – 4

c) 89 – 8
78 – 5
56 – 6

d) 68 – 8
24 – 3
46 – 5

e) 96 – 2
54 – 1
79 – 7

21   22   32   33   34   41   50   53   60   63   72   73   81   83   90   94

5 Rechne. Was fällt dir auf? Setze die Aufgabenfolgen fort.

a) 10 – 3
20 – 3
30 – 3

b) 30 – 7
40 – 7
50 – 7

c) 10 – 4
30 – 4
50 – 4

d) 70 – 8
60 – 8
50 – 8

e) 100 – 5
90 – 5
80 – 5

f) Ergänze die Regel zu der Aufgabenfolge bei a):
Regel: Die erste Zahl wird immer um 10 größer. Die zweite Zahl bleibt gleich.
Das Ergebnis wird immer um ▉ ▉▉▉▉▉▉▉▉▉ .

g) Schreibe weitere Regeln auf.

W N

6 a) 65 – ▉ = 60
63 – ▉ = 60
68 – ▉ = 60

b) 94 – ▉ = 90
97 – ▉ = 90
91 – ▉ = 90

c) 26 – ▉ = 20
22 – ▉ = 20
25 – ▉ = 20

d) 79 – ▉ = 70
77 – ▉ = 70
73 – ▉ = 70

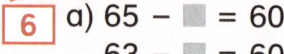

4 Selbstkontrolle mit Lösungszahlen. Eine Zahl bleibt übrig. 5 Starke Aufgaben: Im Gespräch klären, was die erste und was die zweite Zahl ist. Zusätzlich: Gesetzmäßigkeit erkennen und Aufgabenfolge fortsetzen (AB II).
6 Wiederholung: Vorbereitung zum Rechnen mit Zehnerübergang.

1

2 Zeige mit zwei Stiften und schreibe auf.

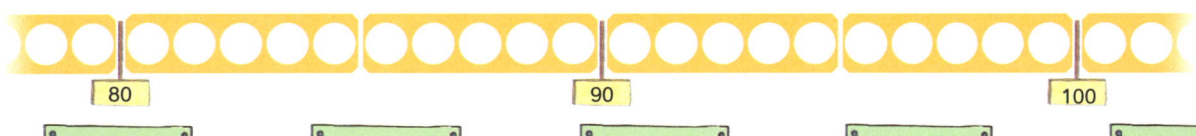

a) 95 − 7   b) 92 − 5   c) 94 − 6   d) 91 − 2   e) 93 − 7

3 Löse am Rechenstrich wie Finn.

a) 74 − 8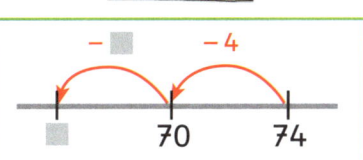

b) 63 − 6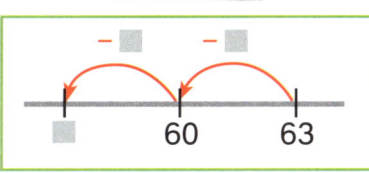

c) 45 − 7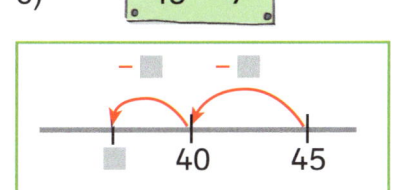

4 Rechne und schreibe wie Paula.

a) 32 − 5   b) 63 − 7   c) 51 − 4   d) 93 − 5
   32 − 7   62 − 5   84 − 6   33 − 7
   32 − 4   61 − 3   44 − 5   63 − 6

5 Rechne und schreibe wie Jonas.

a) 43 − 7   b) 74 − 5   c) 82 − 4   d) 44 − 6
   41 − 6   34 − 7   73 − 6   33 − 6
   42 − 4   54 − 6   65 − 7   22 − 6

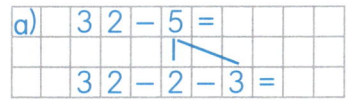

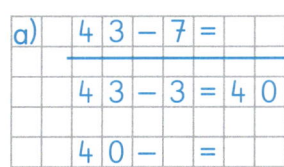

6 Rechne und schreibe auf deinem Weg.

a) 24 − 5   b) 52 − 6   c) 83 − 4   d) 71 − 7   e) 92 − 3

7 Finde und rechne eigene Minusaufgaben mit Zehnerübergang.

1 Rechenkonferenz zu verschiedenen Schreibweisen und Arbeitsweisen beim schrittweisen Rechnen.
Erklären, wie die Kinder gerechnet haben, Wege vergleichen und bewerten.

1 Rechne vorteilhaft am Rechenstrich wie Eva. Warum findet sie das einfach?

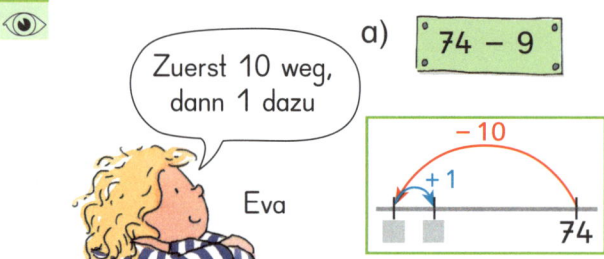

Zuerst 10 weg, dann 1 dazu

Eva

a)  74 – 9

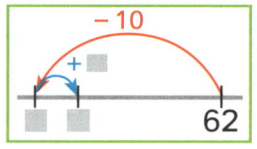
– 10
+ 1
74

b) 62 – 9

– 10
+ ☐
62

c)  45 – 8

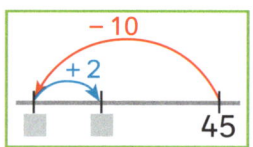
– 10
+ 2
45

2 Rechne vorteilhaft. Welche Lösungszahl bleibt übrig?

a) 52 – 9
24 – 9
37 – 9
83 – 9

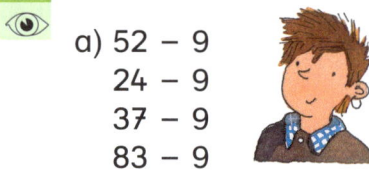

52 – 10, dann 1 mehr

b) 36 – 9
82 – 9
96 – 9
65 – 9

c) 27 – 9
92 – 9
75 – 9
54 – 9

d) 73 – 8
81 – 9
66 – 8
83 – 8

15   18   27   28   36   43   45   56   58   65   66   72   73   74   75   83   87

3 Wie heißen Tinas Freunde?

B
A C

a) 42 – 7
91 – 4
51 – 9

b) 52 – 5
35 – 7
91 – 6

c) 14 – 5
51 – 5
91 – 2

d) 33 – 9
62 – 8
93 – 6

e) 84 – 9
53 – 5
31 – 7

4 Zahlenrätsel. Wie heißt die Zahl?

a) Ziehe von 43 die Zahl 9 ab.

b) Ziehe die Zahl 8 von 82 ab.

c) Zähle 73 und 9 zusammen.

d) Die Zahl ist um 8 größer als 55.

e) Die Zahl ist der Unterschied zwischen 94 und 8.

f) Zähle zu 34 die Zahl 9 dazu.

5 a)

64 – 8 = ☐
40 + 40 = ☐
56 – 9 = ☐
73 – 4 = ☐
80 – 7 = ☐
47 – 7 = ☐
69 – 5 = ☐

b)

43 – 9 = ☐
27 – 8 = ☐
34 – 7 = ☐
69 – 9 = ☐
60 – 8 = ☐
52 – 9 = ☐
19 + 50 = ☐

6 a)

72 – 6 = ☐
66 + 4 = ☐
74 – 6 = ☐
70 – 8 = ☐
68 + 4 = ☐
62 + 7 = ☐
69 + 5 = ☐

b)

91 – 6 = ☐
79 + 5 = ☐
92 + 3 = ☐
84 + 8 = ☐
95 – 7 = ☐
85 – 6 = ☐
88 + 3 = ☐

3 Lösungswörter mit Hilfe des Zahlen-ABCs bestimmen (S. 136). Namen aufschreiben. 5 und 6 Übungsformat „Wäscheleine" (vgl. S. 43). Nach dieser Seite empfiehlt sich eine Lernstandsfeststellung.

1

a)
24 + 5
24 + 6
24 + 7

b)
78 + 4
78 + 5
78 + 6

c)
36 + 7
46 + 7
56 + 7

d)
47 + 5
57 + 5
67 + 5

e)
3 + 58
3 + 68
3 + 78

2

a)
34 − 5
34 − 6
34 − 7

b)
36 − 8
46 − 8
56 − 8

c)
92 − 1
92 − 2
92 − 3

d)
91 − 7
81 − 7
71 − 7

e)
65 − 6
55 − 6
45 − 6

3
a) Zu welchen Aufgabenfolgen
   in Aufgabe 2 passt die Regel?
b) Schreibe Regeln zu anderen
   Aufgabenfolgen von Aufgabe 2.

Regel: Die erste Zahl ist immer gleich.
Die zweite Zahl wird immer um 1 größer.
Das Ergebnis wird immer um 1 kleiner.

4 Rechne. Was fällt dir auf? Schreibe noch drei passende Aufgabenpaare dazu.

a) 54 + 8
   58 + 4

b) 61 + 7
   67 + 1

c) 72 + 6
   76 + 2

d) 87 + 8
   88 + 7

e) 43 + 9
   49 + 3

5 Rechne vorteilhaft.

a) 36 + 8 + 4
   36 + 6 + 4
   49 + 7 + 3
   49 + 7 + 1

b) 44 + 5 + 6
   44 + 6 + 9
   85 + 5 + 7
   85 + 3 + 7

c) 96 − 4 − 6
   96 − 5 − 6
   73 − 3 − 7
   73 − 7 − 3

d) 44 + 9 − 4
   44 + 9 − 8
   83 − 3 + 5
   83 − 8 + 5

6

Sechser-Pack

6
8
9
29

a)

6 + 8 = 14
▢ + ▢ = 15
▢ + ▢ = 17
▢ + ▢ = 35
▢ + ▢ = 37
▢ + ▢ = 38

b)

8
7
5
27

▢ + ▢ = 12
▢ + ▢ = ▢
▢ + ▢ = ▢
▢ + ▢ = ▢
▢ + ▢ = ▢
▢ + ▢ = 35

7 Wie heißen die fehlenden Zahlenkarten?

a)

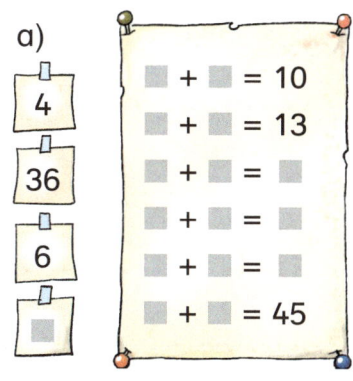

4
36
6
▢

▢ + ▢ = 10
▢ + ▢ = 13
▢ + ▢ = ▢
▢ + ▢ = ▢
▢ + ▢ = 45

b)

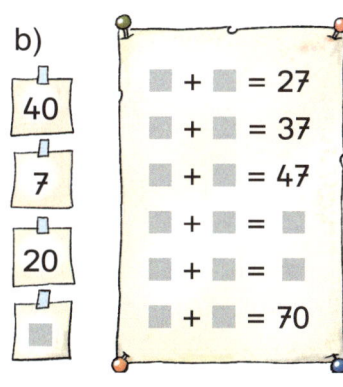

40
7
20
▢

▢ + ▢ = 27
▢ + ▢ = 37
▢ + ▢ = 47
▢ + ▢ = ▢
▢ + ▢ = ▢
▢ + ▢ = 70

c)

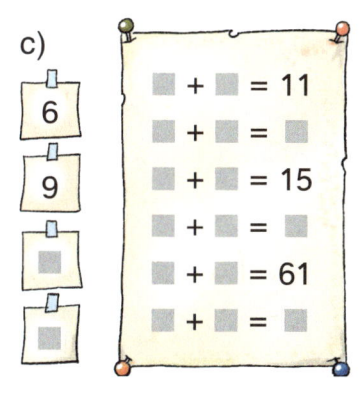

6
9
▢

▢ + ▢ = 11
▢ + ▢ = ▢
▢ + ▢ = 15
▢ + ▢ = ▢
▢ + ▢ = 61
▢ + ▢ = ▢

1 a) Lukas hat bereits 46 Tierbilder gesammelt. Er bekommt von seiner Oma noch einige Bilder dazu. Jetzt hat er insgesamt 53 Tierbilder. Wie viele Bilder hat Lukas bekommen?

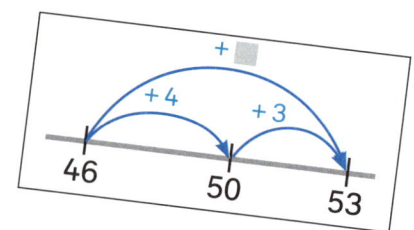

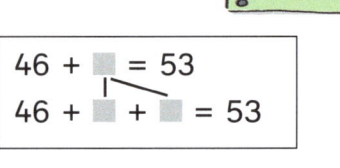

46 + ☐ = 53
46 + ☐ + ☐ = 53

Erst + 4 bis 50, dann + 3 bis 53

b) Tina hat 37 Edelsteine. Der Setzkasten hat Platz für 42 Steine.

2 Zeige an der Rechenhilfe und rechne.

a) 47 + ☐ = 52
47 + ☐ + ☐ = 52

b) 44 + ☐ = 53
44 + ☐ + ☐ = 53

c) 48 + ☐ = 55
48 + ☐ + ☐ = 55

d) 45 + ☐ = 51
45 + ☐ + ☐ = 51

3 a) 37 + ☐ = 41
37 + ☐ = 43
37 + ☐ = 45

b) 68 + ☐ = 72
68 + ☐ = 75
68 + ☐ = 77

c) 29 + ☐ = 32
26 + ☐ = 32
24 + ☐ = 32

d) 89 + ☐ = 93
87 + ☐ = 93
84 + ☐ = 93

4

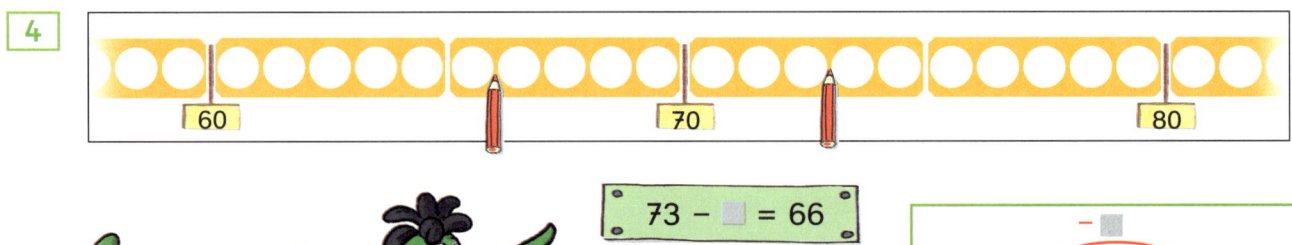

73 − ☐ = 66

Erst − 3 bis 70, dann − 4 bis 66

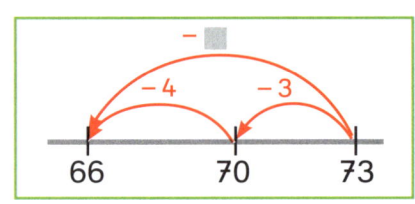

5 Zeige an der Rechenhilfe und rechne.

a) 73 − ☐ = 68
73 − ☐ − ☐ = 68

b) 75 − ☐ = 66
75 − ☐ − ☐ = 66

c) 72 − ☐ = 64
72 − ☐ − ☐ = 64

d) 77 − ☐ = 69
77 − ☐ − ☐ = 69

6 a) 74 − ☐ = 69
74 − ☐ = 66
74 − ☐ = 65

b) 43 − ☐ = 35
43 − ☐ = 37
43 − ☐ = 39

c) 62 − ☐ = 57
64 − ☐ = 57
66 − ☐ = 57

d) 91 − ☐ = 85
92 − ☐ = 85
94 − ☐ = 85

7 Niklas hat 51 Sammelkarten. Er schenkt seinem Bruder die Karten, die er doppelt hat. Danach hat er noch 45 Karten.

8 (F) Was fällt dir auf?
Kannst du noch drei passende Aufgaben dazu schreiben?

54 − ☐ = 45   98 − ☐ = 89   43 − ☐ = 34   76 − ☐ = 67

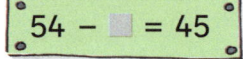 Die verschiedenen Rechenwege erklären und bewerten. Buchbeilage „Plättchenreihe" verwenden.

1 Rechne.

a) 27 + ▣ = 32   b) 24 − ▣ = 18   c) 66 + ▣ = 73   d) 48 − ▣ = 39
  57 + ▣ = 63   35 − ▣ = 27   77 + ▣ = 85   76 − ▣ = 68
  67 + ▣ = 75   76 − ▣ = 69   88 + ▣ = 91   81 − ▣ = 76

2
a) 28 + ▣ = 35
   38 + ▣ = 45
   48 + ▣ = 55

b) 29 + ▣ = 37
   28 + ▣ = 36
   27 + ▣ = 35

c) 93 − ▣ = 87
   83 − ▣ = 77
   73 − ▣ = 67

d) 81 − ▣ = 72
   82 − ▣ = 73
   83 − ▣ = 74

3
a)

b)

c)

d)

4 Immer 6 weniger.
Schreibe die nächsten sechs Zahlen auf. Beginne mit der angegebenen Zahl.

a) 66   b) 92   c) 67   d) 81   e) 53   a) 66, 60, 54,

5 a) Am Wandertag nehmen insgesamt 97 Lehrer und Kinder am Ausflug
in den Nationalpark Bayerischer Wald teil. Neun davon sind Lehrer.
Wie viele Kinder fahren mit?

b) In die Klassen 2a und 2b gehen insgesamt
51 Kinder. Am Wandertag sind 5 Kinder krank.
Wie viele Kinder aus den
zweiten Klassen gehen mit?

6 Schreibe Frage, Lösungsweg und Antwort auf.

a) Die Lehrerin verteilt am Eingang
Eintrittskarten an die Kinder.
15 hält sie noch in der Hand.
Neun hat sie schon ausgegeben.

b) Tom zählt 43 Rehe. Nora entdeckt noch
acht junge Rehe an der Futterkrippe.

c) Paul beobachtet die Wildschweine.
Er zählt 14 Tiere. In dem Gehege sollen
aber 22 Wildschweine sein.

d) Janina behauptet: „Wenn jeder zwei Päckchen
Wildfutter für zwei Euro kauft, kostet das
etwa 50 Euro." Stimmt das? Überprüfe.

2 Starke Aufgaben. Zusätzlich: Gesetzmäßigkeit erkennen und Aufgabenfolge fortsetzen, Regeln formulieren.
3 Kreative Aufgaben (Zahlenmauern). **6** Sachsituationen lösen. Bei d) Plausibilitätsprüfung durchführen.

1

Schreibe die Plusaufgabe und rechne.

a)

b)

c)

d)

e)

f)

g)

h)

i)

2

a) 40 + 36	b) 50 + 25	c) 40 + 51	d) 20 + 34	e) 70 + 15
20 + 47	70 + 27	20 + 66	50 + 13	70 + 25
80 + 19	10 + 39	30 + 13	10 + 79	70 + 35

43   49   54   59   63   67   75   76   85   86   89   91   95   97   99   105

3

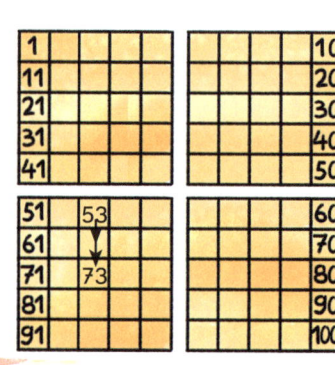

Zwei Schritte nach unten

53 + 20 = 73

Zeige an der Hundertertafel. Schreibe die Plusaufgabe in dein Heft.

a) von 43 vier Schritte nach unten

b) von 35 vier Schritte nach unten

c) von 14 sechs Schritte nach unten

d) von 27 fünf Schritte nach unten

4

a) 72 + 20	b) 24 + 30	c) 11 + 80	d) 16 + 70	e) 27 + 10
48 + 40	56 + 40	25 + 50	33 + 50	58 + 40
40 + 10	20 + 50	63 + 30	26 + 20	52 + 50

37   46   50   54   63   70   75   83   86   88   91   92   93   96   98   102

5

a)
| 38 + 10 |
| 38 + 20 |
| 38 + 30 |

b)
| 17 + 20 |
| 17 + 30 |
| 17 + 40 |

c)
| 56 + 40 |
| 46 + 40 |
| 36 + 40 |

d)
| 51 + 50 |
| 41 + 50 |
| 31 + 50 |

e)
| 25 + 70 |
| 35 + 60 |
| 45 + 50 |

f) Schreibe zu einer Aufgabenfolge die Regel auf.

6 Zahlenrätsel. Wie heißt die Zahl?

a) Welche Zahl ist um 20 größer als 45?

b) Welche Zahl ist um 50 größer als 21?

c) Welche Zahl ist um 30 größer als 70?

d) Welche Zahl ist um 40 größer als 14?

2 und **4** Selbstkontrolle mit Lösungszahlen. Eine Zahl bleibt immer übrig. **3** Buchbeilage „Hundertertafel" verwenden. **5** Starke Aufgaben. Zusätzlich: Gesetzmäßigkeit erkennen, Aufgabenfolge fortsetzen (AB II).

1 a)

14 + 6 = 20

26
20
6
14

6 + 20 = 26

a)
	2	6
	2	0
		6
1	4	

b)

8
22

c)

5
35

d)

3
37

2 a)

10
6

b)

20
16

c)

30
26

d)

44
4

e)

54
4

f)

64
4

g)

Vergleiche die Rechentürme. Was fällt dir auf? Setze fort.

3 Ein Turm ist verdeckt. Wie heißen die Zahlen?

a)

29
20

b)

28
20

c)

27
20

d)

26
20

e)

f)

44
4
16

4 Berechne die fehlenden Zahlen bei den Zwillingstürmen.

a)

11
9

9
11

b)

20
20

20
5

5

c)

20
20

Finde noch mehr **Zwillingstürme** mit der Zahl 20 im roten Stein.

d) Vergleiche die beiden obersten Zahlen und die beiden untersten Zahlen in den Zwillingstürmen. Der Unterschied der obersten Zahlen ist ____ .

1 bis 4 Rechentürme: Aufgaben mit der Möglichkeit natürlicher Differenzierung zum Ausbau aller Niveaustufen. Regel: Zwei übereinander stehende Zahlen zusammenzählen, Ergebnis darüber notieren. Zusätzlich: Alle Rechentürme um einen Stein nach oben fortsetzen (AB III). 3 Erst freie Felder berechnen. Dann Folge fortsetzen.

1 67 – 30

67 – 30 = 37

Schreibe die Minusaufgabe und rechne.

a)

b)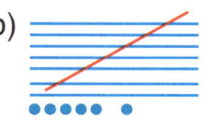

c)

d)

e)

f)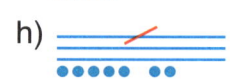

g)

h)

i)

2

a) 50 – 20	b) 76 – 30	c) 90 – 30	d) 87 – 70	e) 47 – 10
58 – 40	56 – 30	75 – 20	53 – 50	99 – 50
58 – 10	80 – 30	63 – 30	66 – 20	56 – 50

3 6 17 18 26 30 33 36 37 46 46 48 49 50 55 60

3

Zwei Schritte nach oben

57 – 20 = 37

Zeige an der Hundertertafel. Schreibe die Minusaufgabe in dein Heft.

a) von 81 drei Schritte nach oben   b) von 75 vier Schritte nach oben
c) von 66 zwei Schritte nach oben   d) von 58 fünf Schritte nach oben

4

a) 94 – 30	b) 67 – 50	c) 75 – 50	d) 85 – 70	e) 37 – 10
77 – 20	89 – 70	93 – 30	83 – 50	98 – 40
53 – 40	71 – 60	91 – 60	46 – 20	72 – 50

11 13 15 17 19 22 25 26 27 31 33 43 57 58 63 64

5

a) 73 – 10
73 – 20
73 – 30

b) 65 – 20
65 – 30
65 – 40

c) 87 – 20
87 – 30
87 – 40

d) 53 – 20
54 – 20
55 – 20

e) 46 – 30
56 – 40
66 – 50

f) Schreibe zu einer Aufgabenfolge die Regel auf.

Zahlenrätsel. Wie heißt die Zahl?

6 a) Welche Zahl ist um 50 kleiner als 88?

b) Welche Zahl ist um 30 kleiner als 70?

c) Welche Zahl ist um 40 kleiner als 56?

d) Welche Zahl ist um 60 kleiner als 65?

3 Buchbeilage „Hundertertafel" verwenden. **5** Starke Aufgaben. Zusätzlich: Gesetzmäßigkeit erkennen, Aufgabenfolge fortsetzen (AB II).

1

	− 5		− 8		+ 10	
3 5	→	3 0	→	2 2	→	3 2
8 0						
5 3						
3 6						

2

a) START − 2 − 8 + 10

b) START + 3 − 10 − 7

c) START − 4 + 10 − 2

3

a) START − 6 − 4 + 10

b) START + 30 − 20 − 10

c) START + 3 + 7 − 10

d) Vergleiche Startzahl und Zielzahl. Was fällt auf? Warum ist das so?

4

a) START − 7 + 50 − 3

b) START + 36 + 8 − 4

c) START + 43 − 8 + 5

d) Vergleiche Startzahl und Zielzahl.
Regel: Die Zielzahl ist immer ▭ als die Startzahl.

5 Erfindet selbst eine Kugelbahn zu dieser Regel:
Regel: Die Zielzahl ist immer um 30 größer als die Startzahl.

6
(F)

START + 6 + 30 − 4

Wie heißen die Startzahlen?

Zielzahlen
36
48
60
84

1

Das sind unsere Münzen und Scheine.

2 Wie viel Cent sind es?

a)    b)    c)    d)

3 Lege mit möglichst wenig Münzen und zeichne.

a) 80 Cent   b) 35 Cent   c) 64 Cent   d) 99 Cent   e) 73 Cent   f) 87 Cent

4 Wie viel Euro sind es?

a)    b)    c)    d)

5 Lege mit möglichst wenig Münzen und Scheinen. Zeichne.

a) 40 Euro   b) 17 Euro   c) 75 Euro   d) 39 Euro   e) 86 Euro   f) 9 Euro

6 100 Cent sind 1 Euro. Wie viel Cent fehlen zu einem Euro? Lege und zeichne.

a)    b) 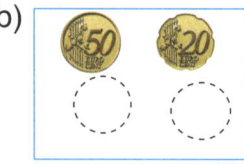   c) 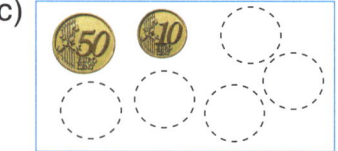   d)

7 Münzen raten.

1. Kind: Münzen in eine Dose füllen, Gesamtbetrag angeben.
2. Kind: Dose schütteln, Münzen erraten und malen.

Nein, mehr Münzen.

8 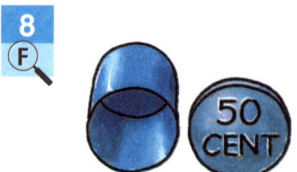 In der Dose sind:

a) 3 Münzen
b) 4 Münzen
c) 5 Münzen

9  In der Dose sind:

a) 4 Münzen
b) 5 Münzen
c) 6 Münzen

 Über unsere Münzen und Scheine sprechen. Buchbeilage „Rechengeld" verwenden. 7 bis 9 Kombinationsmöglichkeiten für die Geldbeträge in den Dosen finden. Manchmal gibt es verschiedene Möglichkeiten.

1

Ich habe 1 € 25 ct.

Ich habe ▢ € ▢ ct.

2 Wie viel Geld hat jedes Kind? Schreibe wie Zahlix und Zahline in Aufgabe 1.

a) Carl

b) Diana

c) Anna

3 Welches Kind hat mehr Geld, welches Kind weniger?
Vergleiche die Geldbeträge von Aufgabe 2.
a) Carl und Diana: ▨▨▨▨▨ hat mehr Geld als ▨▨▨▨ .
b) Carl und Anna: ▨▨▨▨▨ hat mehr Geld als ▨▨▨▨ .
c) Diana und Anna: ▨▨▨▨ hat weniger Geld als ▨▨▨▨ .

4 Ordne die Geldbeträge nach ihrem Wert.   a) ▢ 4 € 1 5 ct < ▢

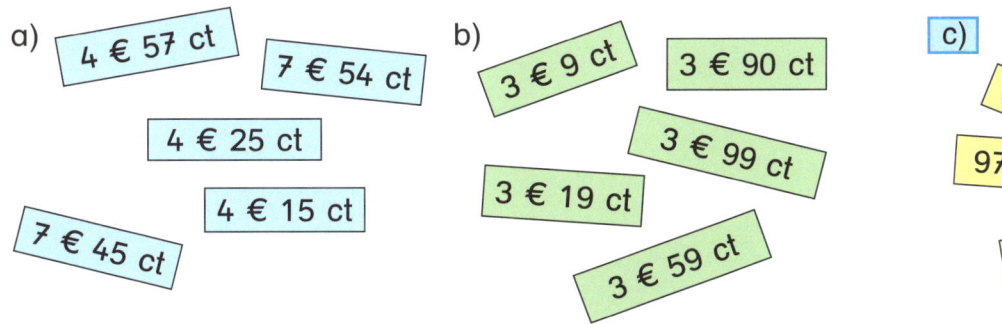

a) 4 € 57 ct   7 € 54 ct
    4 € 25 ct
    4 € 15 ct
7 € 45 ct

b) 3 € 9 ct   3 € 90 ct
    3 € 99 ct
    3 € 19 ct
    3 € 59 ct

c) 69 ct
    9 €   59 €
    97 ct   9 ct
    49 ct

5 Was gehört zusammen? Besprich dich mit deinem Partner.

A   B   C

D   E

2 € 40 ct

15 ct

40 € 80 ct

12 € 99 ct

60 ct

---

1 Euro ist gleich 100 Cent.   1 € = 100 ct   **!**

---

1 bis **3** Geldbeträge bestimmen und vergleichen. Evtl. zur Unterstützung die Geldbeträge mit Rechengeld (Buchbeilage) nachlegen. **4** Geldbeträge ordnen. **5** Preise abschätzen. Roter Kasten: Wortspeicher nutzen.

1

a) Welche Fragen kannst du sofort beantworten?
   Notiere die zutreffenden Buchstaben.
b) Bei welcher Frage musst du rechnen?
   Schreibe Rechenfrage, Lösungsweg und Antwort auf.
c) Welche Fragen kannst du nicht beantworten?
   Notiere die zutreffenden Buchstaben.

2

a) Welche Fragen kannst du sofort beantworten?
   Notiere die zutreffenden Buchstaben.
b) Bei welcher Frage musst du rechnen?
   Schreibe Rechenfrage, Lösungsweg und Antwort auf.
c) Welche Fragen kannst du nicht beantworten?
   Notiere die zutreffenden Buchstaben.

1 und **2** Ergebnisse eventuell mit einem Partner nachbesprechen.

1 Wie heißt die Rechenfrage? Welche Informationen brauchst du zum Rechnen?
Schreibe Frage, Lösungsweg und Antwort auf.

a)

F Wie viel Geld muss Max insgesamt bezahlen?

L Der Hund kostet 8 €.

Das Auto kostet ▨▨ €.

8 € +

A

b) Jonas

c) Alina

2 Wie heißt die Rechenfrage? Welche Informationen brauchst du zum Rechnen?
Schreibe Frage, Lösungsweg und Antwort auf.

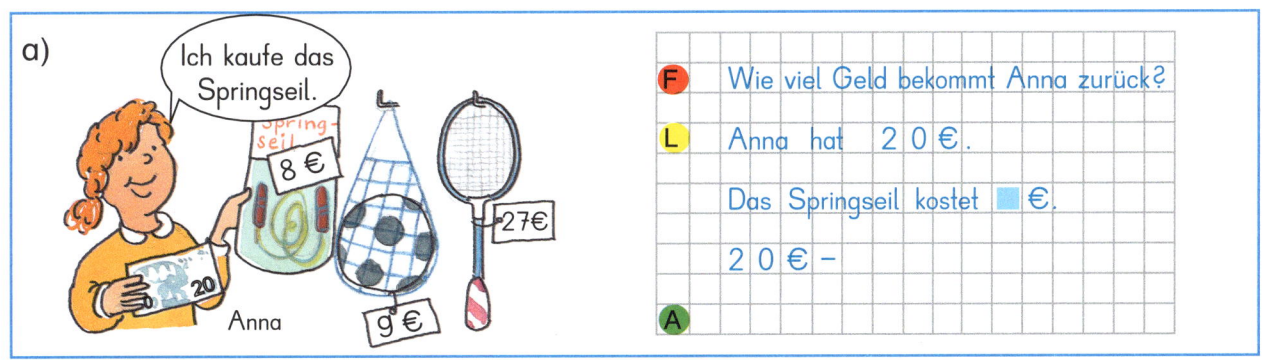

a) Ich kaufe das Springseil.

F Wie viel Geld bekommt Anna zurück?

L Anna hat 20 €.

Das Springseil kostet ▨ €.

20 € −

A

b) Leo

c) Maria

3

Was kann ich kaufen? Ich möchte nichts doppelt.

1 bis **3** Das Ritual „Frage – Lösungsweg – Antwort" verwenden. **3** Es gibt verschiedene Möglichkeiten.
Gegenstände können kombiniert werden. Zusätzlich: Den Betrag genau erreichen.
Nach dieser Seite empfiehlt sich eine Lernstandsfeststellung.

1
a) 53 + 4 b) 66 + 7 c) 6 + 24
   32 + 7   21 + 8   9 + 18
   49 + 3   85 + 6   5 + 77

27 29 30 39 42 52 57 73 82 91

2
a) 77 – 3 b) 27 – 8 c) 93 – 8
   61 – 4   82 – 4   78 – 5
   49 – 7   55 – 6   34 – 9

19 25 36 42 49 57 73 74 78 85

3 Schreibe zwei weitere Aufgaben.

a) 25 + 3 b) 66 + 6 c) 6 + 74
   35 + 3   56 + 6   7 + 74
   45 + 3   46 + 6   8 + 74

4 Schreibe zwei weitere Aufgaben.

a) 29 – 7 b) 27 – 9 c) 54 – 3
   39 – 7   37 – 9   54 – 4
   49 – 7   47 – 9   54 – 5

5
a) 43 + ▧ = 48   b) 69 – ▧ = 63
   57 + ▧ = 61   32 – ▧ = 28
   75 + ▧ = 83   94 – ▧ = 85

6
a) 34 + 30 b) 29 + 70 c) 10 + 36
   73 + 20   44 + 40   50 + 27
   17 + 50   56 + 10   19 + 70

46 57 64 66 67 77 84 89 93 99

7 Schreibe zwei weitere Aufgaben.

a) 54 – 20 b) 75 – 20 c) 46 – 20
   64 – 20   75 – 30   56 – 30
   74 – 20   75 – 40   66 – 40

8
a) 34 + ▧ = 54   b) 92 – ▧ = 62
   53 + ▧ = 93   84 – ▧ = 14
   28 + ▧ = 78   77 – ▧ = 27

9 Bei welcher Frage kannst du rechnen? Schreibe Rechenfrage, Lösungsweg und Antwort auf.

37 €   12 €

Wie viel Euro kostet die CD? A

Wie viel Geld hat Kai noch? B

Wie viel Euro kostet beides zusammen? C

Gibt es noch andere Spiele? D

10

a) Alexander

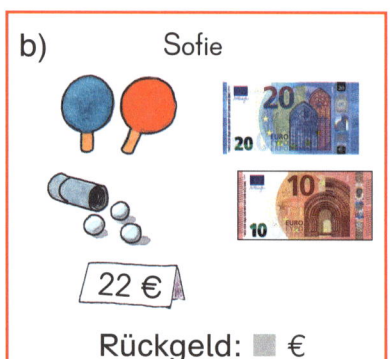

49 €   20 €

zusammen: ▧ €

b) Sofie

22 €

Rückgeld: ▧ €

c) Tobias

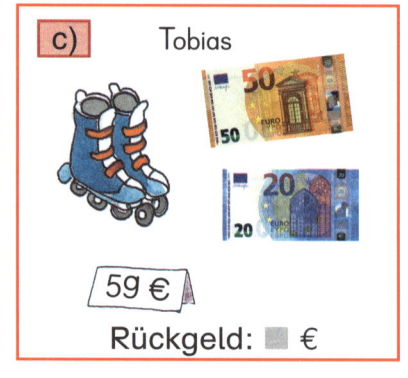

59 €

Rückgeld: ▧ €

1 Schreibe die fehlenden Zahlen aus der Hundertertafel in dein Heft.

a) 64

b) 27

c) 67

d) 84

2 Welche Zahlen werden hier gezeigt? Schreibe auf: A = 6, ...

A B C D E F G

0 10 20 30 40 50 60 70 80 90 100

3 Setze ein. < , >

a) 78 ◯ 87   b) 44 ◯ 88   c) 58 ◯ 28   d) 14 ◯ 41

63 ◯ 53   23 ◯ 32   73 ◯ 76   37 ◯ 33

92 ◯ 29   64 ◯ 46   84 ◯ 48   93 ◯ 99

4 Welche Figuren sind achsensymmetrisch?

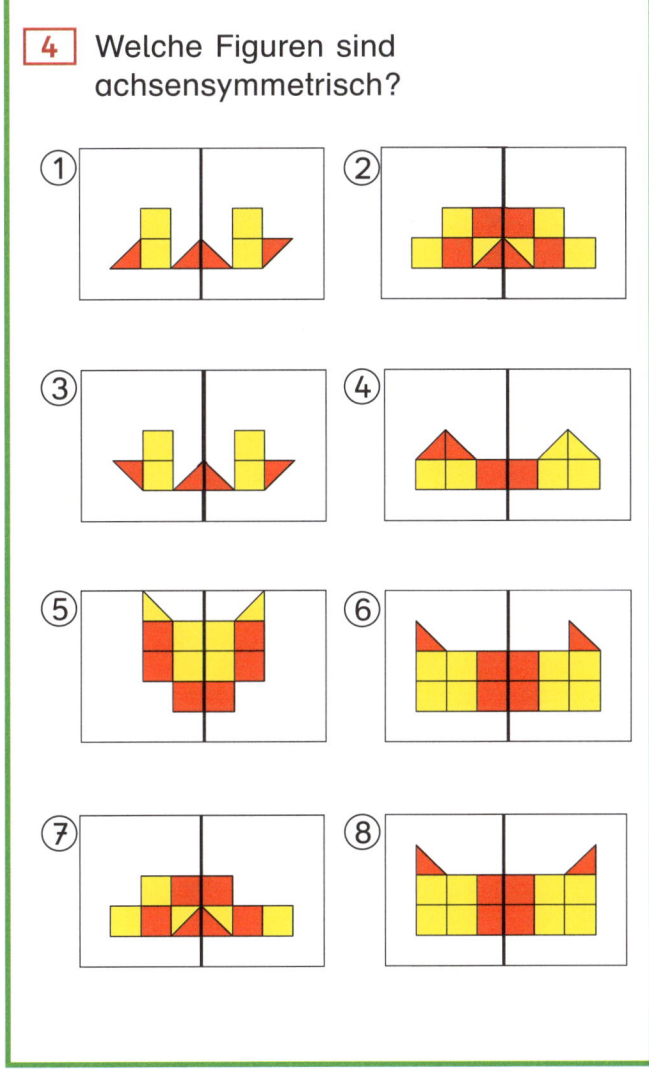

① ② ③ ④ ⑤ ⑥ ⑦ ⑧

5 a) 20   b) 20   c) Finde noch mehr Türme zur 20.

10   7

6 a)   b)   c)

50   50   50

31   30   29

d) Setze fort. Schreibe die nächsten zwei Rechentürme auf.

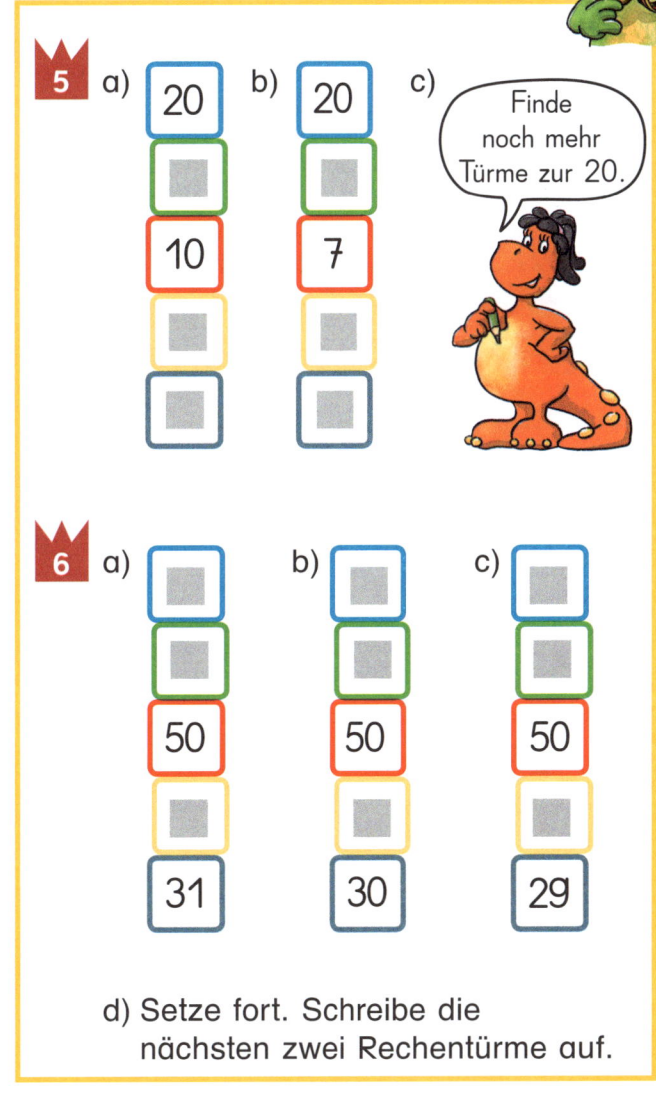

4 Zur Überprüfung evtl. einen Spiegel verwenden. 5 und 6 Rechenturm-Regel: Zwei übereinander stehende Zahlen zusammenzählen, Ergebnis darüber notieren (vgl. S. 51).

Weiter mit Plus- und Minusaufgaben

1

23 +
Z
E
4
5
2
3
7
0

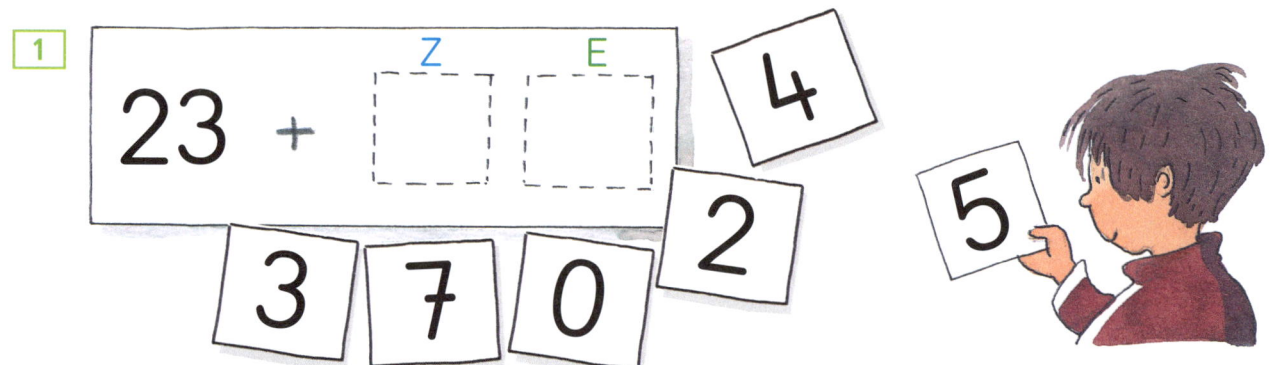

Schnell bin ich hier:

23 + 40 =

Hier helfe ich mir:

23 + 35 =

2

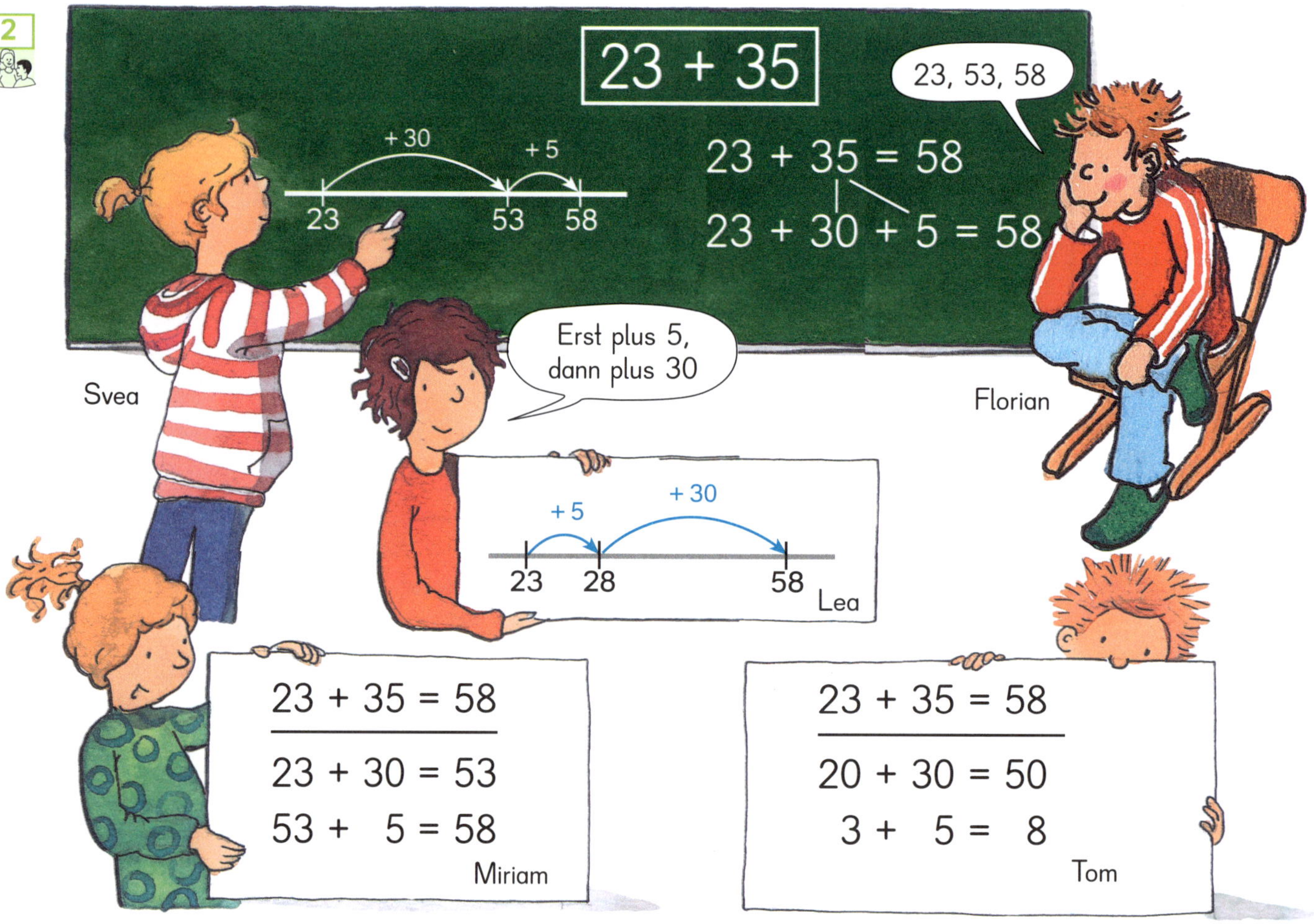

23 + 35
23, 53, 58
+30
+5
23
53
58
23 + 35 = 58
23 + 30 + 5 = 58
Svea
Erst plus 5,
dann plus 30
Florian
+5
+30
23
28
58
Lea
23 + 35 = 58
23 + 30 = 53
53 + 5 = 58
Miriam
23 + 35 = 58
20 + 30 = 50
3 + 5 = 8
Tom

Erkläre, wie die Kinder gerechnet haben. Wie rechnest du?

1 Immer zwei Ziffernkarten aussuchen und die Aufgabe legen. Entscheiden, ob die Lösung im Kopf oder mit Hilfe gelingt. Aufgabe und Ergebnis aufschreiben. 2 Rechenkonferenz zu verschiedenen Schreibweisen, Arbeitsweisen und Rechenwegen beim schrittweisen Rechnen. Lösungswege vergleichen und bewerten.

1 Löse am Rechenstrich wie Svea.

a)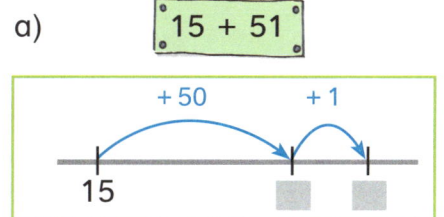

b)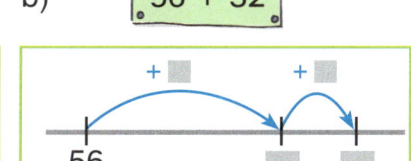

c)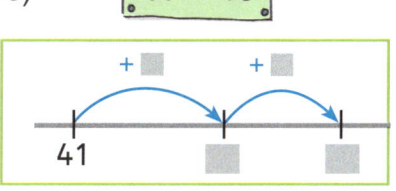

2 Schreibe wie Florian.

a) 85 + 12
   63 + 25
   14 + 34

b) 22 + 67
   71 + 15
   25 + 43

c) 34 + 35
   26 + 72
   62 + 16

d) 45 + 23
   13 + 56
   53 + 42

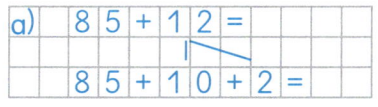

3 Schreibe wie Miriam.

a) 43 + 24
   75 + 22
   54 + 31

b) 61 + 18
   26 + 51
   44 + 42

c) 35 + 43
   28 + 61
   43 + 22

d) 16 + 81
   32 + 55
   24 + 73

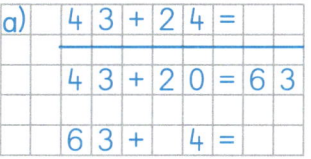

4 Schreibe auf deinem Weg.

a) 34 + 15
   25 + 31
   42 + 26

b) 56 + 33
   45 + 54
   37 + 43

c) 36 + 12
   46 + 24
   35 + 20

d) 40 + 38
   54 + 11
   27 + 33

e) 44 + 26
   57 + 30
   21 + 48

48   49   55   56   60   65   68   69   70   70   78   80   83   87   89   99

5

a) 43 + 16
   43 + 15
   43 + 14

b) 65 + 24
   64 + 24
   63 + 24

c) 14 + 32
   14 + 42
   14 + 52

d) 36 + 63
   36 + 53
   36 + 43

e) 82 + 15
   72 + 15
   62 + 15

6 a) Zu welcher Aufgabenfolge in Aufgabe 5 passt diese Regel?

b) Schreibe auch Regeln für die anderen Aufgabenfolgen in Aufgabe 5 auf.

Regel: Die erste Zahl bleibt immer gleich.
Die zweite Zahl wird immer um 10 kleiner.
Das Ergebnis wird immer um 10 kleiner.

7

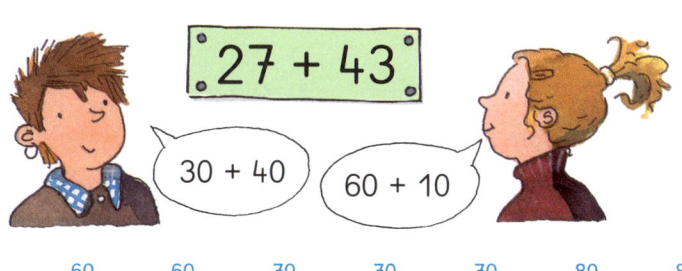

a) 27 + 43
   48 + 32
   24 + 26

b) 56 + 24
   39 + 51
   18 + 42

c) 36 + 54
   17 + 63
   28 + 42

d) 67 + 33
   45 + 25
   21 + 79

50   60   60   70   70   70   80   80   80   90   90   100   100

8 Mutter kauft für Tom einen Pulli für 25 Euro und ein T-Shirt für 12 Euro. Sie bezahlt mit 50 Euro. Wie viel Geld bekommt sie zurück?

9 Max behauptet: „Meine Socken haben 89 Euro gekostet." Kann das stimmen?

5 und **6** Starke Aufgaben: Aufgabenfolgen fortsetzen, Gesetzmäßigkeit aufschreiben. **7** Geschickt rechnen (z. B. gegensinnig verändern); eigenen Rechenweg dem Partner beschreiben. **9** Plausibilität der Aussage prüfen.

1

2 Löse am Rechenstrich wie Havra.

a) 76 – 23

b) 95 – 64

c) 38 – 16

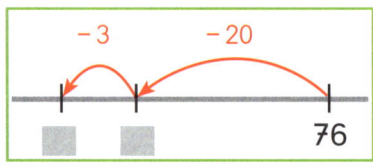

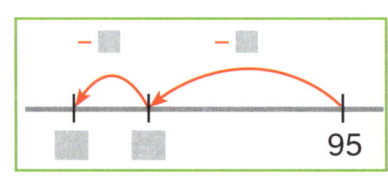

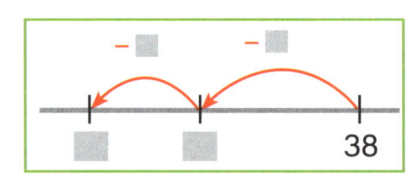

3 Rechne und schreibe wie Lena.

a) 67 – 35 b) 65 – 42 c) 86 – 32 d) 74 – 21
   42 – 31   85 – 51   57 – 23   99 – 38
   98 – 64   74 – 33   89 – 46   66 – 24

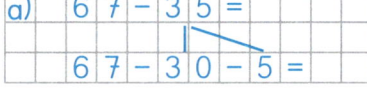

4 Rechne und schreibe wie Jonas.

a) 79 – 24 b) 46 – 35 c) 86 – 55 d) 87 – 42
   58 – 32   98 – 45   59 – 27   78 – 56
   64 – 22   67 – 24   76 – 43   45 – 12

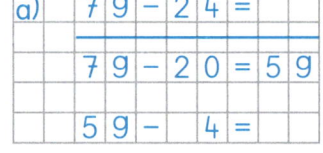

5 Rechne und schreibe auf deinem Weg.

a) 68 – 22 b) 59 – 32 c) 43 – 13 d) 63 – 30 e) 93 – 82
   56 – 24   74 – 54   52 – 20   78 – 27   64 – 51
   97 – 36   85 – 62   39 – 17   88 – 18   55 – 34

11   13   20   21   22   23   27   28   30   32   32   33   46   51   61   70

6 Zahlenrätsel. Wie heißt die Zahl?

a) Ziehe von 57 32 ab.

b) Ziehe 21 von 59 ab.

c) Berechne den Unterschied zwischen 84 und 13.

d) Berechne den Unterschied zwischen 96 und 25.

1 Rechenkonferenz zu verschiedenen Schreibweisen, Arbeitsweisen und Rechenwegen beim schrittweisen Rechnen. Erklären, wie die Kinder gerechnet haben, Wege vergleichen und bewerten. **5** Selbstkontrolle mit Lösungszahlen. Eine Zahl bleibt übrig.

1 a)
```
57 – 36
57 – 35
57 – 34
```
b)
```
85 – 55
86 – 55
87 – 55
```
c)
```
79 – 24
79 – 34
79 – 44
```
d)
```
44 – 42
44 – 32
44 – 22
```
e)
```
78 – 16
68 – 16
58 – 16
```

2 a) Zu welchen Aufgabenfolgen in Aufgabe 1 passen die Regeln?

Regel A: Die erste Zahl wird immer um 1 größer.
Die zweite Zahl bleibt immer gleich.
Das Ergebnis wird auch immer
um 1 größer.

Regel B: Die erste Zahl ist immer gleich.
Die zweite Zahl wird immer
um 10 größer.
Das Ergebnis wird immer um 10 kleiner.

b) Schreibe auch Regeln für die anderen Aufgabenfolgen in Aufgabe 1 auf.

3

a)
```
73 – 43
54 – 24
48 – 38
```
b)
```
66 – 46
95 – 45
88 – 28
```
c)
```
74 – 34
62 – 42
58 – 18
```
d)
```
91 – 11
75 – 25
64 – 34
```
e)
```
37 – 17
41 – 11
83 – 63
```
f)
```
97 – 87
86 – 16
82 – 62
```

4 Welche Aufgabe hat das Kind gerechnet? Schreibe die Aufgabe und löse sie.

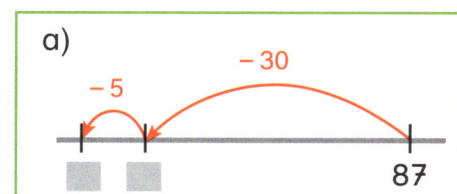

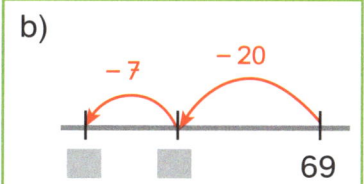

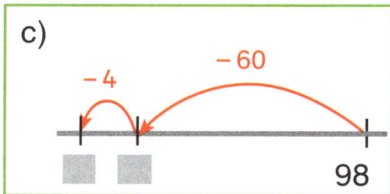

5 Spielt nach und gebt Geld zurück.

a)   b)

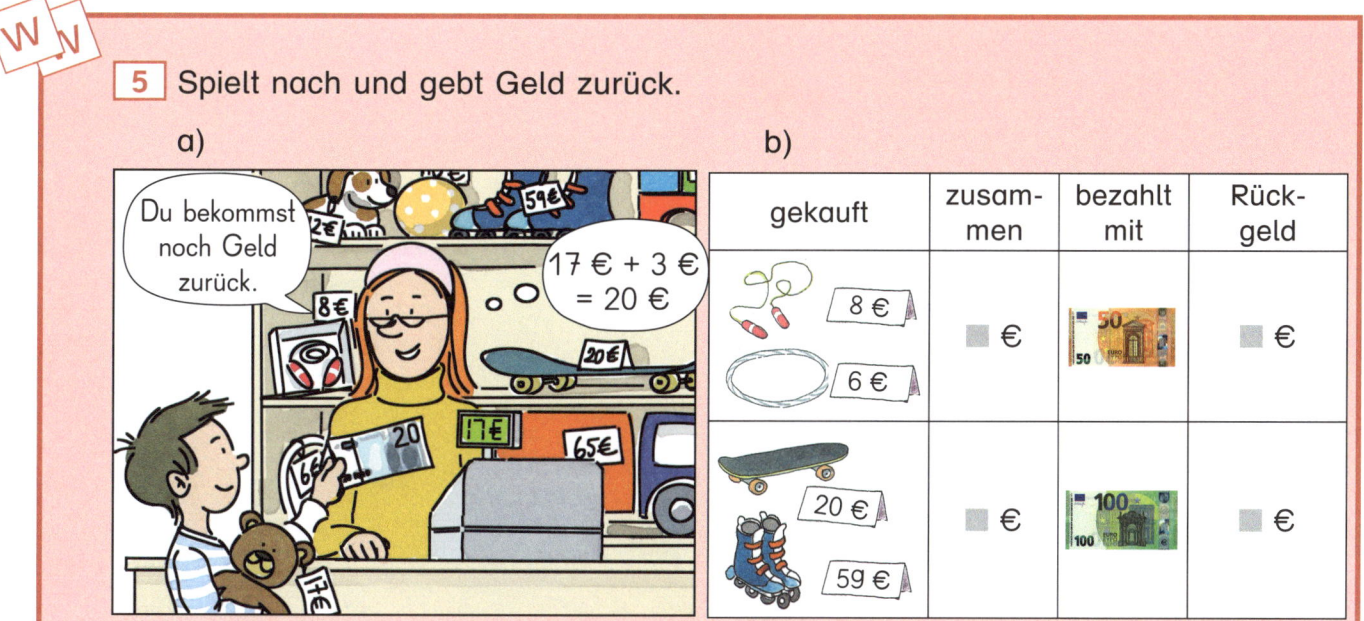

gekauft	zusammen	bezahlt mit	Rückgeld
8 € / 6 €	▮ €	50	▮ €
20 € / 59 €	▮ €	100	▮ €

1 und **2** Starke Aufgaben: Aufgabenfolge fortsetzen, Gesetzmäßigkeit aufschreiben. **3** Geschickt rechnen (gleichsinnig verändern). Nach dieser Seite empfiehlt sich eine Lernstandsfeststellung.

2 Rechne auf deinem Weg.

a) 25 + 66
38 + 38
14 + 47

b) 68 + 27
36 + 46
27 + 57

c) 36 + 18
47 + 24
35 + 27

d) 43 + 38
56 + 16
27 + 37

e) 46 + 24
57 + 35
28 + 48

54 60 61 62 64 70 71 72 76 76 81 82 84 91 92 95

3 a) 55 + 17
36 + 28
44 + 17

b) 46 + 35
29 + 43
15 + 68

c) 28 + 26
44 + 47
58 + 18

d) 65 + 27
49 + 32
35 + 37

e) 48 + 26
29 + 22
17 + 67

51 54 61 64 72 72 72 74 76 81 81 82 83 84 91 92

4 Kannst du die Zwischenschritte im Kopf rechnen?

a) 63 + 23
63 + 25
63 + 28
63 + 29

b) 47 + 31
47 + 34
47 + 36
47 + 38

c) 65 + 25
65 + 26
65 + 28
65 + 29

78 81 83 85 86 88 89 90 91 91 92 93 94

5 Die Kinder rechnen geschickt. Erkläre.

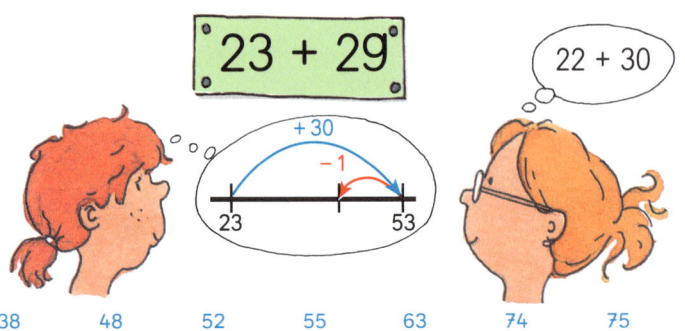

a) 23 + 29
36 + 19
45 + 29

b) 44 + 19
38 + 39
66 + 29

c) 37 + 59
54 + 29
26 + 49

d) 58 + 29
19 + 19
48 + 48

38 48 52 55 63 74 75 77 83 87 95 96 96

1 Rechenkonferenz zu verschiedenen Rechenwegen beim schrittweisen Rechnen. Erklären, wie die Kinder gerechnet haben, Wege vergleichen und bewerten. **2** bis **5** Selbstkontrollmöglichkeit. **4** Von dem Ergebnis von Aufgaben ohne Zehnerübergang (ZÜ) auf solche mit ZÜ schließen. **5** Geschickt rechnen (Zehnernähe nutzen).

1 Wie heißt jeweils das Lösungswort?

56 ist S.

a) 27 + 29
17 + 13
43 + 29
17 + 19
19 + 29

b) 39 + 27
57 + 29
18 + 16
55 + 29
19 + 13

c) 53 + 17
36 + 39
53 + 29
49 + 37
59 + 35

d) 54 + 26
35 + 39
18 + 18
22 + 49
38 + 28

2 Was fällt dir auf? Erkläre.

a) 46 + 29
45 + 30

b) 38 + 24
40 + 22

c) 25 + 58
23 + 60

d) 57 + 39
56 + 40

e) 16 + 34
20 + ☐

f) 46 + 48
44 + ☐

g) 29 + 63
☐ + ☐

h) 64 + 17
☐ + ☐

i) Erfinde selbst solche Aufgabenpaare.

3
a) 12 + 18
22 + 18
32 + 18

b) 44 + 16
46 + 18
48 + 20

c) 45 + 48
35 + 38
25 + 28

d) 28 + 47
27 + 46
26 + 45

e) 66 + 16
64 + 18
62 + 20

4 a) Zu welchen Aufgabenfolgen in Aufgabe 3 passen die Regeln?

Regel A:
Beide Zahlen werden immer um 10 kleiner.
Das Ergebnis wird immer um ☐ ☐☐☐ .

Regel B:
Beide Zahlen werden immer um 2 größer.
Das Ergebnis wird immer um ☐ ☐☐☐ .

b) Schreibe auch die Regeln für die anderen Aufgabenfolgen in Aufgabe 3 auf.

5

Sechser-Pack

a)
19
15
37
26

☐ + ☐ = 34
☐ + ☐ = 41
☐ + ☐ = 45
☐ + ☐ = 52
☐ + ☐ = ☐
☐ + ☐ = ☐

b)
55
28
16
44

☐ + ☐ = 44
☐ + ☐ = 60
☐ + ☐ = 71
☐ + ☐ = 72
☐ + ☐ = ☐
☐ + ☐ = ☐

6

a)
20
48
35
☐

☐ + ☐ = 28
☐ + ☐ = 43
☐ + ☐ = 55
☐ + ☐ = 56
☐ + ☐ = 68
☐ + ☐ = 83

b)
12
☐
36
☐

☐ + ☐ = 30
☐ + ☐ = 39
☐ + ☐ = 45
☐ + ☐ = 48
☐ + ☐ = 54
☐ + ☐ = 63

c)
☐
18
47
☐

☐ + ☐ = 49
☐ + ☐ = 65
☐ + ☐ = 71
☐ + ☐ = 78
☐ + ☐ = 84
☐ + ☐ = 100

1

Erkläre, wie die Kinder gerechnet haben. Wie rechnest du?

2   Rechne auf deinem Weg.

a) 92 – 47	b) 96 – 48	c) 43 – 14	d) 65 – 38	e) 91 – 72
73 – 26	84 – 15	52 – 26	71 – 26	64 – 26
84 – 55	76 – 39	31 – 17	81 – 18	55 – 37

14   18   19   26   27   28   29   29   37   38   45   45   47   48   63   69

3

a) 54 – 18	b) 32 – 15	c) 45 – 27	d) 83 – 37	e) 72 – 69
75 – 39	68 – 43	93 – 66	47 – 38	91 – 37
61 – 24	56 – 27	58 – 29	74 – 36	83 – 67

3   9   16   17   18   19   25   27   29   29   36   36   37   38   46   54

4   Kannst du die Zwischenschritte im Kopf rechnen?

a) 55 – 23		b) 62 – 31	c) 93 – 51
55 – 25		62 – 34	93 – 53
55 – 26	55, 35, 32	62 – 36	93 – 55
55 – 28		62 – 38	93 – 59

24   26   27   28   29   30   31   32   34   37   38   40   42

5   Zahl minus Spiegelzahl

a) 43 – 34	b) 53 – 35	c) 41 – 14	d) 51 – 15	e) 61 – 16
54 – 45	64 – 46	52 – 25	62 – 26	72 – 27
65 – 56	75 – 57	63 – 36	73 – 37	83 – 38

f)   Was fällt dir auf? Findest du zu jedem Päckchen noch eine weitere Aufgabe?

g)   Markiere die Ergebnisse in der Hundertertafel. Was fällt dir auf?

6   Zahline löst Minusaufgaben mit Spiegelzahlen.

F

a)   Sie erhält als Ergebnis 54.
     Welche Aufgaben hat sie gerechnet?

b)   Findest du Aufgaben mit dem Ergebnis 63?

Zahl minus Spiegelzahl 93 – 39

1

a)

-16 →	
46	▨
45	▨
40	▨

b)

-28 →	
68	▨
66	▨
62	▨

c)

-39 →	
99	▨
96	▨
90	▨

d)

-47 →	
67	▨
65	▨
60	▨

e)

-25 →	
75	▨
71	▨
70	▨

13   18   20   24   28   29   30   34   38   40   45   46   50   51   57   60

2 Was fällt dir auf? Erkläre.

a) 92 – 45
90 – 43

b) 63 – 36
60 – 33

c) 52 – 37
50 – 35

d) 71 – 46
70 – 45

e) 81 – 67
80 – ▨

f) 42 – 28
40 – ▨

g) 63 – 45
▨ – ▨

h) 91 – 17
▨ – ▨

3 Erfinde eigene Aufgabenpaare wie in Aufgabe 2.

4 Die Kinder rechnen geschickt. Erkläre.

74 – 30

73 – 29

– 30
+ 1
43   ▨   73

a) 73 – 29
54 – 39
36 – 19

b) 82 – 59
43 – 29
67 – 49

c) 93 – 69
75 – 39
52 – 29

d) 62 – 29
91 – 79
63 – 49

12   14   14   15   17   18   23   23   24   33   34   36   44

5 Wie heißt jeweils das Lösungswort?

Das erste Wort fängt mit C an.

a) 78 – 19
69 – 39
63 – 22
99 – 17
74 – 49
85 – 9

b) 94 – 9
61 – 19
95 – 54
77 – 29
93 – 9
87 – 23

c) 94 – 19
70 – 23
87 – 15
96 – 69
89 – 71
82 – 49

d) 62 – 39
45 – 21
73 – 59
92 – 49
75 – 29
90 – 19

6

a)
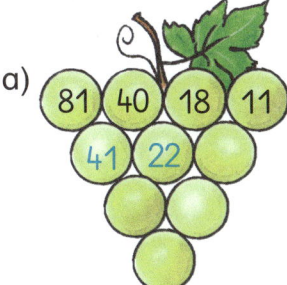

b)
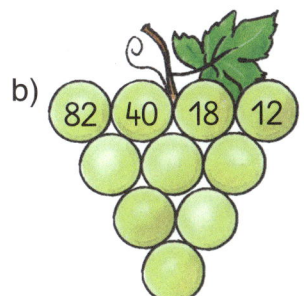

c)

d) Von Traube zu Traube: oben außen immer ▨▨▨▨ , unten immer ▨▨▨▨ .

2 Geschickt rechnen: gleichsinnig verändern. **5** Lösungswörter mit Hilfe des Zahlen-ABCs bestimmen (S. 136). Eventuell die Orte auf einer Bayernkarte suchen. **6** Kreative Aufgaben: Minustrauben (vgl. S. 11). Gesetzmäßigkeit erkennen und aufschreiben. Nach dieser Seite empfiehlt sich eine Lernstandsfeststellung.

| Genau lesen | Frage | Wichtige Angaben | Lösungsweg | Antwort | Ergebnis überprüfen |

1 Lies genau. Wie heißt die Rechenfrage?
Schreibe Frage (F), Lösungsweg (L) und Antwort (A) auf.
Hier sind die wichtigen Informationen zum Lösen unterstrichen.

Lösungsweg:

• Rechnung

Kati ist in der Klasse 2a.
Sie ist sieben Jahre alt.
Kati sammelt Pferde-Bilder.
35 Bilder hat sie schon.
Am Dienstag bekommt
sie acht neue Bilder.
Hoffentlich ist ihr
Lieblingsbild dabei!

F:	Wie viele Bilder hat Kati dann?
L:	Kati hat ▢ ▢ Bilder.
	Sie bekommt ▢ neue Bilder.
	▢ ▢ + ▢ = ▢ ▢
A:	

2 Lies genau. Welche Informationen sind wichtig zum Lösen?
Schreibe sie in dein Heft. Wie heißt die Rechenfrage?

a)
Benno spielt gern Fußball.
Jeden Dienstag geht er um
15 Uhr zum Training.
Dort tauscht er mit seinem
Freund Fußball-Bilder.
Benno hat 42 Bilder. Heute hat
sein Freund Geburtstag. Benno
schenkt ihm fünf seiner Bilder.

b)
Beim Sportfest in Erlangen
spielen acht Jungen Fußball.
Ibrahim ist der Beste von
ihnen. Er hat schon drei
Tore geschossen.
Vier Mädchen möchten
auch noch mitspielen.

3
Anna und Sven sind Zwillinge.
Sie sammeln Murmeln.
Zusammen haben sie 63 Murmeln.
Heute haben sie Geburtstag.
Sie werden 7 Jahre alt.
Anna bekommt von ihrer Freundin
acht bunte Murmeln.
Sven bekommt sieben große Murmeln.

4 Was sammelst du?
Schreibe deine eigene
Rechengeschichte.

5 Erweitere diese kurze Rechengeschichte, erfinde unwichtige Angaben.

Zum Sackhüpfen haben sich 36 Kinder angemeldet.
19 Kinder stehen schon an. Wie viele Kinder fehlen noch?

6 Erfindet eigene Rechengeschichten. Schreibt auch Unwichtiges auf.

1 bis 5 Systematisches Vorgehen beim Lösen von Sachsituationen besprechen.
4 bis 6 Zusätzlich: Die Rechengeschichten in einer Sachrechenkartei sammeln.

1 So viele Besucher kamen am Samstag ins Museum.

	Erwachsene	Kinder	Besucher zusammen
Vormittag	15	20	▪
Nachmittag	30	47	▪
zusammen	▪	▪	▪

Lösungsweg:

• Rechnung
• Tabelle

a) Wie viele Besucher kamen am Vormittag?
b) Wie viele Besucher kamen am Nachmittag?
c) Warum kamen am Nachmittag so viele Besucher?
d) Wie viele Kinder waren es am Samstag zusammen?
e) Wie viele Erwachsene waren es zusammen?
f) Insgesamt kamen am Samstag mehr Kinder
   als Erwachsene. Wie viele waren es mehr?

2 Am Mittwoch kamen am Vormittag 47 Kinder und 32 Erwachsene
ins Museum. Nachmittags waren es 15 Erwachsene und 41 Kinder.
a) Lege eine Tabelle an wie bei Aufgabe 1 und trage die Zahlen ein.
b) Wie viele Erwachsene waren es am Mittwoch zusammen?
c) Wie viele Kinder waren es am Mittwoch zusammen?

3 Am Donnerstag kamen vormittags
60 Besucher ins Museum.
Es waren doppelt so viele Kinder wie Erwachsene.
Nachmittags waren es 67 Besucher.
Davon waren 25 Erwachsene.
a) Lege eine Tabelle an.
b) Judith behauptet: „Am Donnerstag kamen 37 Kinder
   mehr als Erwachsene." Stimmt das? Überprüfe.

Ich zeichne mir eine Tabelle.

4 Am Freitag besuchten 60 Kinder das Museum.
Am Nachmittag kamen zehn Kinder mehr als am Vormittag.

5 Pia ist sechs Jahre älter als ihr Bruder Noah.
Zusammen sind sie 22 Jahre alt.
Wie alt ist Pia? Wie alt ist Noah?
Probiere mögliche Lösungen in einer Tabelle aus.

Noah	6	7
Pia	12	▪
zusammen	18	▪

6 Julian geht mit seiner Schwester Sarah ins Museum.
Julian ist vier Jahre älter als Sarah.
Zusammen sind sie 20 Jahre alt.
Wie alt ist Julian? Wie alt ist Sarah?
Probiere mögliche Lösungen in einer Tabelle aus.

7 Vater ist drei Jahre älter als Mutter.
Zusammen sind sie 87 Jahre alt.

8 Emmas Onkel ist fünf Jahre älter als ihre
Tante. Zusammen sind sie 99 Jahre alt.

1 Wie rechnen die Kinder? Erkläre.

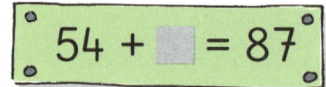
$54 + \blacksquare = 87$

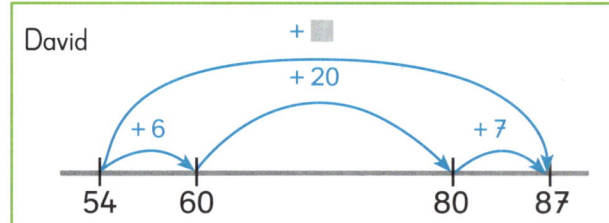

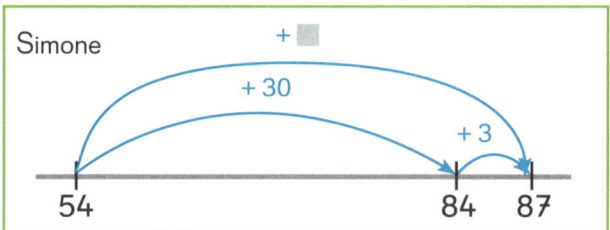

2 Wie rechnest du? Löse am Rechenstrich.

a) $43 + \blacksquare = 76$
   $24 + \blacksquare = 58$
   $32 + \blacksquare = 85$
   $54 + \blacksquare = 66$

b) $23 + \blacksquare = 87$
   $24 + \blacksquare = 59$
   $45 + \blacksquare = 68$
   $33 + \blacksquare = 58$

c) $52 + \blacksquare = 96$
   $34 + \blacksquare = 79$
   $26 + \blacksquare = 67$
   $42 + \blacksquare = 76$

d) $24 + \blacksquare = 66$
   $14 + \blacksquare = 57$
   $62 + \blacksquare = 99$
   $36 + \blacksquare = 78$

12   23   25   33   34   34   35   37   39   41   42   42   43   44   45   53   64

3 Erkläre, wie Nina rechnet. Wie rechnest du?

$46 + \blacksquare = 74$

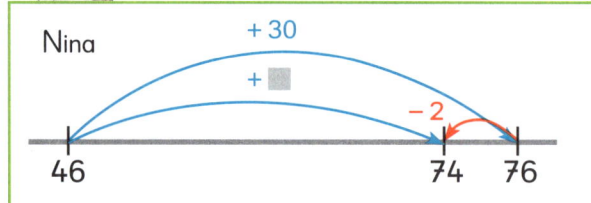

a) $28 + \blacksquare = 57$
   $36 + \blacksquare = 84$
   $45 + \blacksquare = 63$
   $64 + \blacksquare = 83$

b) $63 + \blacksquare = 92$
   $49 + \blacksquare = 66$
   $39 + \blacksquare = 78$
   $54 + \blacksquare = 93$

c) $58 + \blacksquare = 86$
   $37 + \blacksquare = 64$
   $57 + \blacksquare = 75$
   $24 + \blacksquare = 63$

d) $38 + \blacksquare = 66$
   $73 + \blacksquare = 91$
   $47 + \blacksquare = 96$
   $55 + \blacksquare = 73$

4 a) $46 + \blacksquare = 68$
   $53 + \blacksquare = 72$
   $19 + \blacksquare = 91$
   $72 + \blacksquare = 75$

b) $38 + \blacksquare = 54$
   $23 + \blacksquare = 75$
   $44 + \blacksquare = 82$
   $28 + \blacksquare = 64$

c) $41 + \blacksquare = 82$
   $36 + \blacksquare = 72$
   $27 + \blacksquare = 54$
   $84 + \blacksquare = 92$

d) $22 + \blacksquare = 44$
   $47 + \blacksquare = 94$
   $34 + \blacksquare = 68$
   $58 + \blacksquare = 92$

5 a) Zahlenmauer — $14 + 7 = 21$

21
14   7   4   16

b)
16   14   7   4

c)
14   7   16   4

d)
7   16   4   14

e)
7   4   14   16

f) Finde noch andere Zahlenmauern mit den Grundsteinen 4, 7, 14 und 16. Vergleiche die Zahlen im Zielstein. Finde den größten Zielstein.

⑤ Kreative Aufgabe: Zahlenmauern (vgl. S. 9). Zusätzlich: Regel zu 5f) formulieren. Mit anderen Zahlen für die Grundsteine überprüfen. (AB III)

1 Die Kinder vergleichen ihre Ersparnisse. Wer hat mehr?
Wie groß ist der Unterschied (U)?

a)
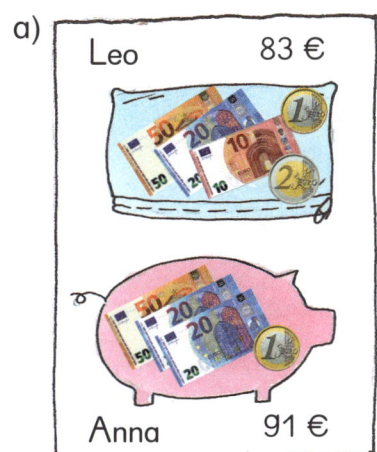
Leo 83 €
Anna 91 €

Leo ergänzt:
83 € + ■ = 91 €
Unterschied: 8 €
U: 8 €

Anna zieht ab:
91 € − 83 € = ■
Unterschied: 8 €
U: 8 €

Wie rechnest du?

b) Robin 29 €   Melanie 51 €

c) Luisa 81 €   Emil 77 €

d) Sven 45 €   Max 65 €

> Wir bestimmen den **Unterschied**
> durch **Ergänzen** oder durch **Abziehen**.
>
> 48 53
>
> 48 + ■ = 53   oder   53 − 48 = ■   U: 5
>
> !

---

2 Bestimme den Unterschied. Rechne auf deinem Weg. Schreibe dann so:

a) 40 63   b) 62 59   c) 42 14   d) 27 72   e) 68 7

3 Bestimme den Unterschied.
Schreibe als Minusaufgabe oder als Ergänzungsaufgabe. Was fällt dir leichter?

a) 51 13   b) 30 59   c) 60 94   d) 47 90   e) 24 60

f) 14 36   g) 72 97   h) 38 61   i) 58 92   j) 33 103

4 Abziehen oder ergänzen? Rechne auf deinem Weg.

a) 88 − 78   b) 96 − 94   c) 82 − 68   d) 56 − 55   e) 67 − 47
   74 − 70   35 − 18   75 − 35   96 − 85   41 − 38
   77 − 62   44 − 14   54 − 49   93 − 62   83 − 33

   1   2   3   4   5   10   11   14   15   17   19   20   30   31   40   50

5 a) Mutter ist 31 Jahre jünger als Oma.
b) Anja ist 29 Jahre jünger als Mutter.
c) Wie viele Jahre ist Vater jünger als Oma?
d) Wie viele Jahre ist Vater älter als Mutter?
e) Wie viele Jahre ist Anja jünger als Oma?
f) Otto behauptet: „In zehn Jahren ist Anja
   nur noch 50 Jahre jünger als Oma."
   Stimmt das?

Ich bin 68 Jahre alt. — Oma
Ich bin ■ Jahre alt.
Ich bin 42 Jahre alt. — Vater
Ich bin ■ Jahre alt. — Mutter
Anja

1 Eventuell mit Rechengeld (Buchbeilage) nachlegen und lösen.
Roter Kasten: Wortspeicher nutzen. **5** f) Plausibilitätsprüfung durchführen.

Kreative Aufgaben: Zauberquadrate

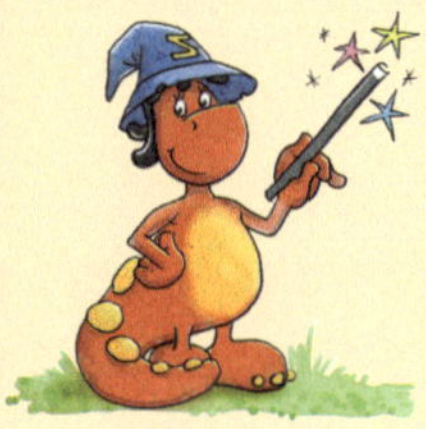

1 a)

8	□	11
□	13	□
□	6	18

Ergebnis: 39

> Die Plusaufgaben in jeder Zeile, in jeder Spalte und schräg haben immer dasselbe Ergebnis.

Zeilen:
8 + □ + 11 = 39
□ + 6 + 18 = 39

Spalten:
□ + 13 + 6 = 39
11 + □ + 18 = 39

b)

□	22	□
□	□	16
19	6	□

Ergebnis: 42

2 a)

□	43	□
□	□	33
38	9	□

Ergebnis: 78

b)

17	□	13
□	□	□
□	8	27

Ergebnis: 66

c)

□	33	□
21	□	□
25	5	27

Ergebnis: □

d)

□	51	□
□	□	23
37	7	43

Ergebnis: □

3

17	7	12	4
2	14	9	15
5	11	6	18
16	8	13	3

a)

□	7	□	□
2	14	9	15
□	11	□	□
□	8	□	□

7 + 14 + 11 + 8 = □

2 + 14 + 9 + 15 = □

b)

17	□	□	4
□	14	9	□
□	11	6	□
16	□	□	3

4 + 9 + 11 + 16 = □

17 + 14 + 6 + 3 = □

Zähle immer vier Zahlen zusammen.

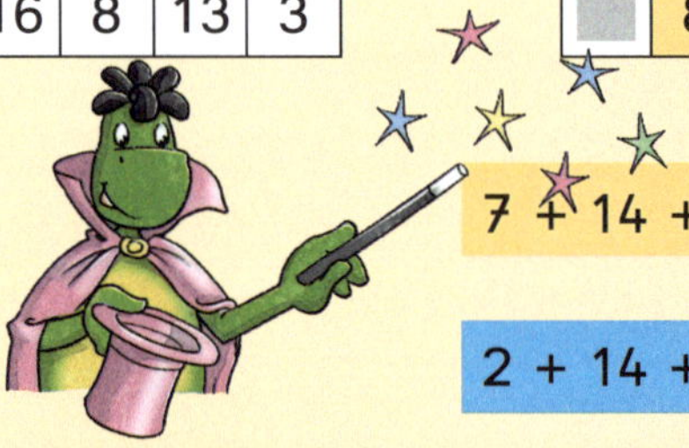

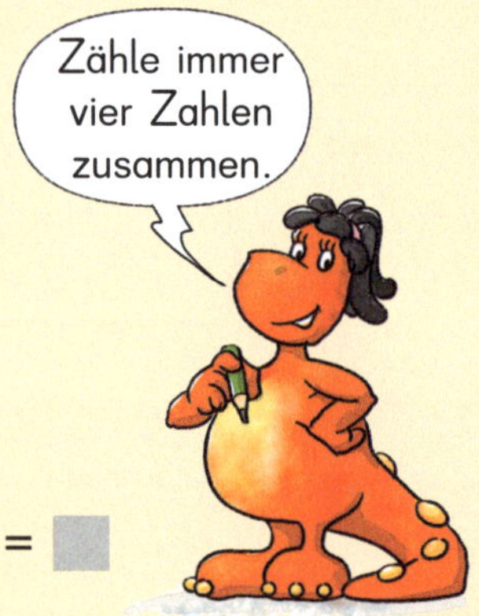

c)

17	7	□	□
2	14	□	□
□	□	6	18
□	□	13	3

d)

17	□	□	4
□	14	9	□
□	11	6	□
16	□	□	3

e)

□	7	12	□
2	□	□	15
5	□	□	18
□	8	13	□

f)

Zusammen sind es immer □.

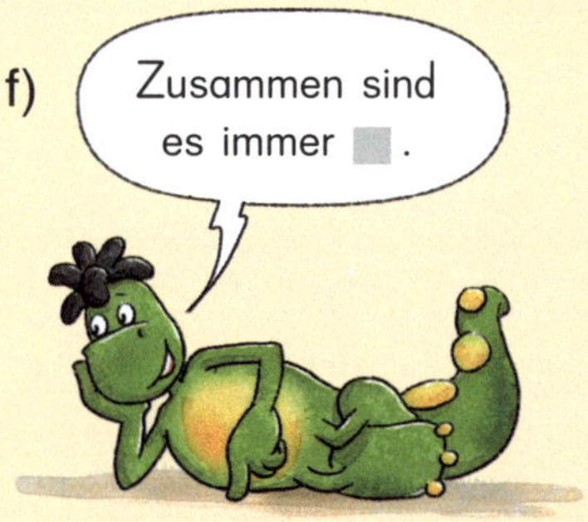

4 Berechne das Zauberquadrat.
Überprüfe und rechne wie in Aufgabe 3.

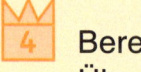

Und wie finde ich die fehlenden Zahlen?

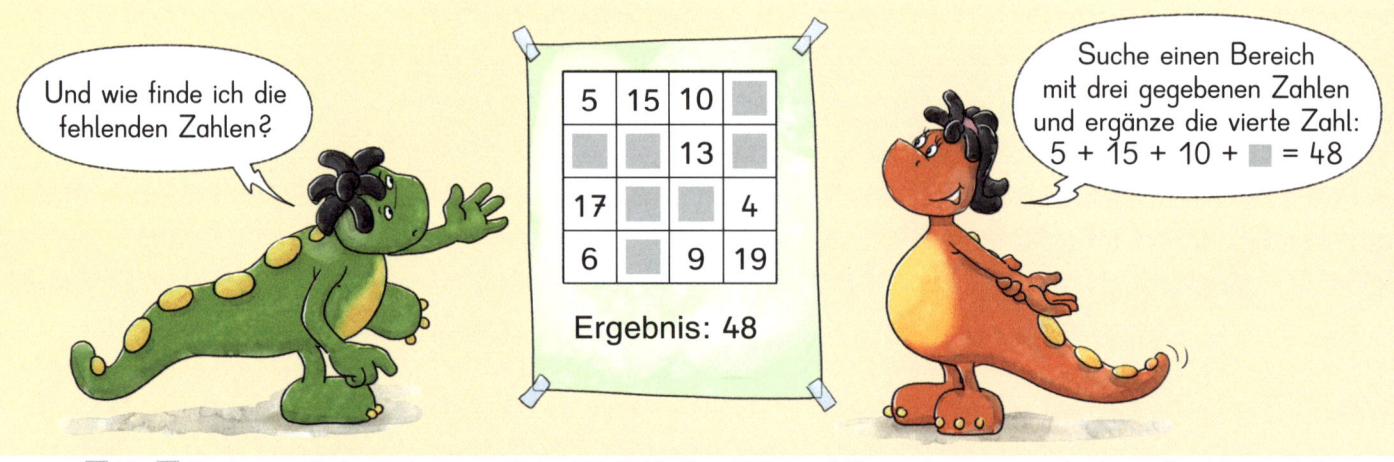

5	15	10	□
□	□	13	□
17	□	□	4
6	□	9	19

Ergebnis: 48

Suche einen Bereich mit drei gegebenen Zahlen und ergänze die vierte Zahl:
5 + 15 + 10 + □ = 48

1 bis 4 Zauberquadrate: Aufgaben mit der Möglichkeit natürlicher Differenzierung zum Ausbau aller Niveaustufen.
1 und 2 Die Summe der drei Zahlen in den beiden Diagonalen berechnen und als Kontrollmöglichkeiten nutzen.

1
B
A C

a) 67 + 23 = ▨ ▨
60 − 13 = ▨ ▨
87 − 18 = ▨ ▨
37 + 28 = ▨ ▨

b) 27 + 14 = ▨ ▨
71 − 23 = ▨ ▨
29 + 38 = ▨ ▨
53 − 27 = ▨ ▨
38 + 36 = ▨ ▨

c) 61 − 57 = ▨ ▨
38 + 47 = ▨ ▨
90 − 19 = ▨ ▨
37 + 13 = ▨ ▨
57 + 17 = ▨ ▨
94 − 25 = ▨ ▨

Das ist Rufus. Rufus ist ein a) ▨▨▨▨▨-hund.
Er hat lange b) ▨▨▨▨▨
und kann besonders schnell c) ▨▨▨▨ .

2
B
A C

a) 59 + 14 = ▨ ▨
67 + 27 = ▨ ▨
82 − 28 = ▨ ▨
52 − 39 = ▨ ▨

b) 18 + 43 = ▨ ▨
62 − 38 = ▨ ▨
84 − 47 = ▨ ▨
39 + 27 = ▨ ▨
60 − 12 = ▨ ▨
48 + 24 = ▨ ▨

Alle Hunde stammen vom
a) ▨▨▨▨ ab. Es gibt viele
verschiedene b) Hunde-▨▨▨▨ .

3
B
A C

a) 38 + 39 = ▨ ▨
81 − 19 = ▨ ▨
78 + 18 = ▨ ▨
62 − 46 = ▨ ▨
90 − 18 = ▨ ▨

b) 12 + 20 − 7 = ▨ ▨
64 + 26 − 3 = ▨ ▨
91 − 19 + 2 = ▨ ▨
99 − 20 + 4 = ▨ ▨
27 + 27 − 9 = ▨ ▨
78 − 25 − 5 = ▨ ▨
38 + 12 − 14 = ▨ ▨

Hunde können sehr gut a) ▨▨▨▨
und b) ▨▨▨▨ .

4
B
A C

a) 91 − 48 = ▨ ▨
58 + 25 = ▨ ▨
62 − 17 = ▨ ▨
47 + 38 = ▨ ▨
23 + 29 = ▨ ▨
72 − 56 = ▨ ▨

b) 80 − 28 = ▨ ▨
74 − 19 = ▨ ▨
59 − 58 = ▨ ▨
64 − 39 = ▨ ▨
82 − 38 = ▨ ▨
45 + 29 = ▨ ▨
92 − 23 = ▨ ▨

c) 81 − 26 − 14 = ▨ ▨
👁 90 − 16 − 20 = ▨ ▨
17 + 23 + 27 = ▨ ▨
63 + 16 − 53 = ▨ ▨
47 − 38 + 18 = ▨ ▨
84 − 66 + 16 = ▨ ▨

Hunde helfen den Menschen. Sie können sehr gut a) ▨▨▨▨ hüten,
b) ▨▨▨▨ suchen und c) ▨▨▨▨ führen.

▨ bis ▨ Zahlen-ABC: Rechnen, zum Ergebnis im Zahlen-ABC (S. 136) den passenden Buchstaben suchen
und aufschreiben. ▨ c) Geschickt rechnen.

Längen, Sachsituationen und Zufall

1

Pia
Uli
Benni
Jan
Alex

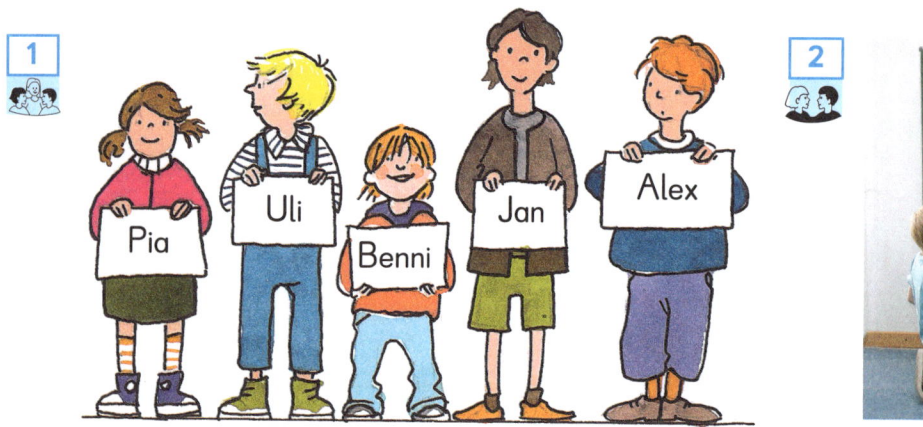

a) Ordne die Kinder nach der Größe.
b) Wer ist am größten, wer am kleinsten?
c) Vergleiche in deiner Tischgruppe.
d) Vergleiche in deiner Klasse.

2

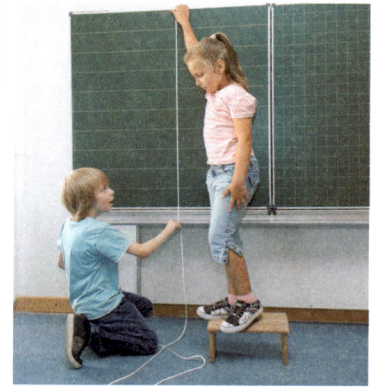

Vergleicht mit einer Kordel.
a) an der Tafel: Breite und Höhe
b) am Tisch: Länge und Breite

3

Meine Körpermaße

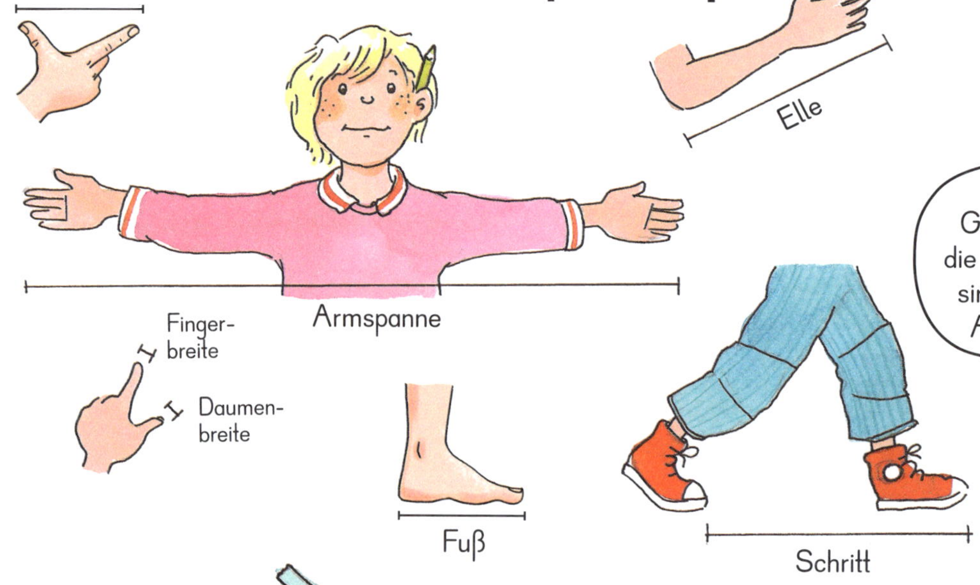
Fingerspanne
Elle
Armspanne
Finger-
breite
Daumen-
breite
Fuß
Schritt

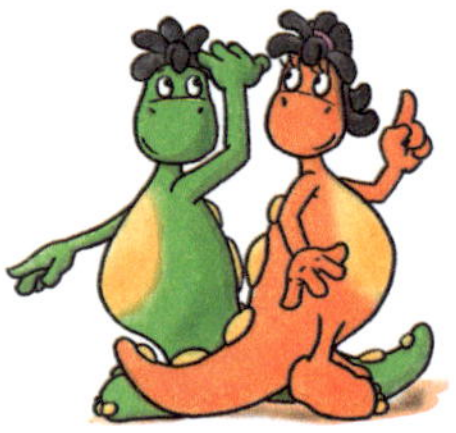

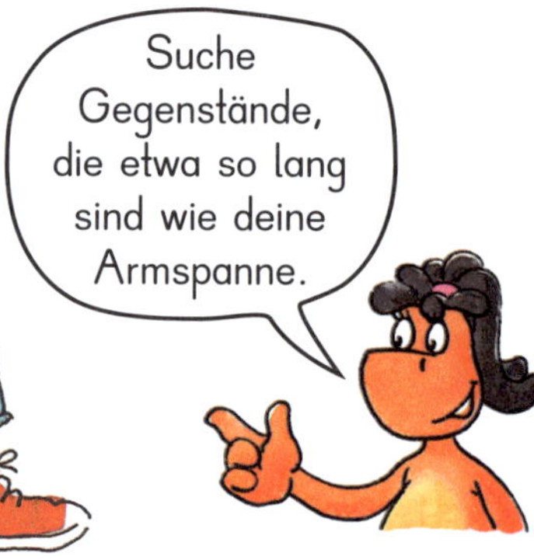
Suche Gegenstände, die etwa so lang sind wie deine Armspanne.

4

Wie viele Fußlängen sind es?
a) Breite des Schrankes
b) Breite der Tür
c) Breite des Flurs

5

Was fällt dir auf?

	Breite der Klasse	
	in Fußlängen	in Schritten
Laura	35	14
Martin	28	10
Julia	32	13

6

Mit welchem Körpermaß kannst du das messen?
a) Länge des Lesebuches
b) Länge des Radiergummis
c) deine Körpergröße
d) Höhe der Tafel

7

Vergleicht eure Körpermaße.
Wer hat die größere Armspanne?
Wer hat längere Füße?
Wer hat ...

8 Es wird nicht überall mit Körpermaßen gemessen. Warum? Überlege und begründe.

1 bis 7 Mit Körpermaßen und anderen nicht-standardisierten Längeneinheiten messen. Abweichungen entdecken und begründen. Die Notwendigkeit standardisierter Maße erkennen.

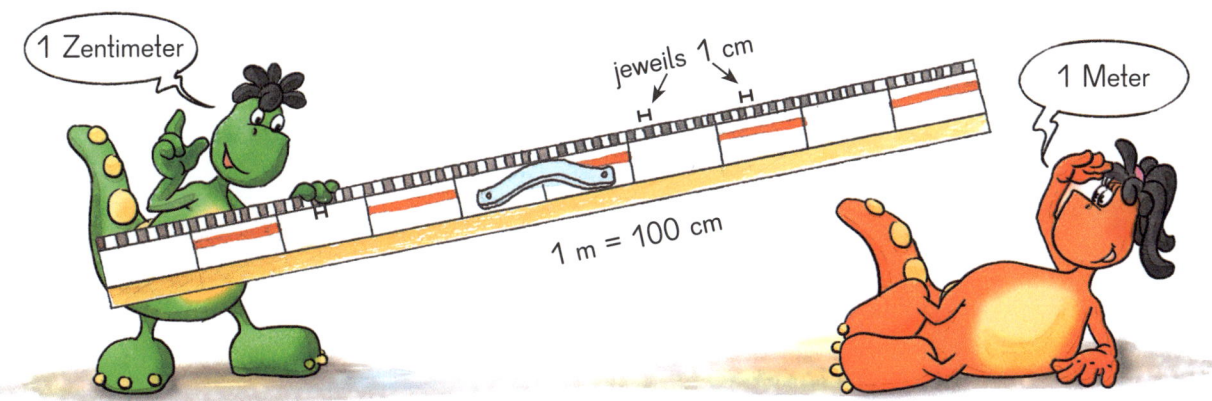

1 Miss auf dem Schulhof ab.

1 m   2 m   3 m   5 m   10 m

2 a) Mache fünf große Schritte. Kommst du fünf Meter weit?

b) Kommst du mit zehn Schritten sieben Meter weit?

c) Wie viele Schritte brauchst du für zehn Meter?

3 Schätze zuerst: Wie viel Meter sind es? Dann miss.

a) Wie lang ist euer Klassenzimmer?   b) Wie breit ist euer Klassenzimmer?

c) Wie breit ist euer Flur in der Schule?   d) Wie lang ist euer Flur in der Schule?

4 Wie lang ist der Bleistift? Wie viel Zentimeter sind es?

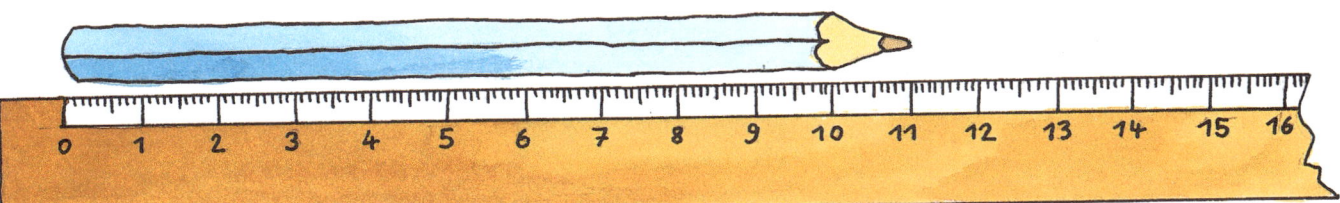

5 Schätze zuerst: Wie viel Zentimeter sind es? Dann miss mit deinem Lineal.

a)

b)

c)

d)

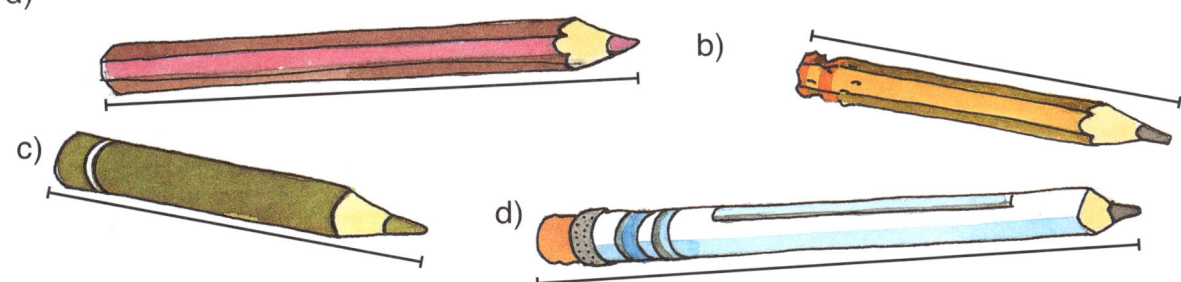

6 Misst du in Meter oder Zentimeter? Schreibe m oder cm.

a) Länge deiner Haare   b) Länge des Fußballplatzes   c) Körpergröße eines Babys

7 Große Längen – kleine Längen. Setze ein: m oder cm

a) Die Tür ist 2 ▨ hoch.   b) Das Handy ist 8 ▨ lang.

c) Das Mathematikbuch ist 30 ▨ lang.   d) Der Schulhof ist 50 ▨ breit.

e) Der Bus ist 12 ▨ lang.   f) Der Turnschuh ist 25 ▨ lang.

---

1 Meter ist gleich 100 **Zentimeter**.   1 m = 100 cm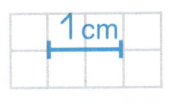

1 bis **7** Längenvorstellungen erarbeiten. Repräsentanten für Längeneinheiten kennen lernen. Stützpunktwissen aufbauen. Roter Kasten: Wortspeicher nutzen.

1 a) Wie lang sind die Streifen? Schätze, benutze deine Fingerbreite. Miss dann.

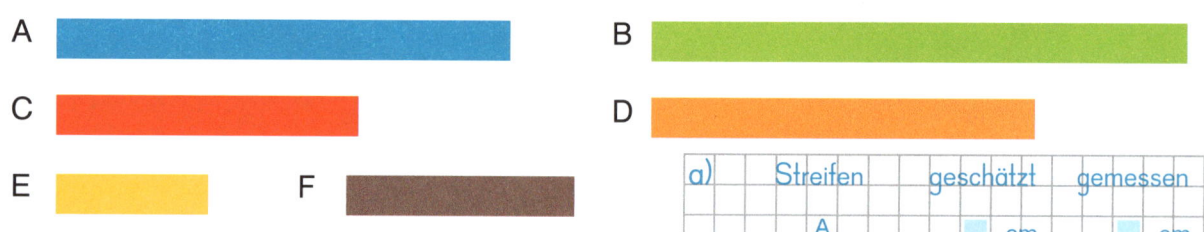

a)	Streifen	geschätzt	gemessen
	A	☐ cm	☐ cm

b) Vergleiche die Längen der Streifen miteinander.
Verwende die Begriffe „kürzer" und länger". Ordne nach der Länge.
c) Wie lang sind der blaue und der braune Streifen zusammen?
d) Wie lang sind der gelbe und der grüne Streifen zusammen?
e) Wie lang ist ein Streifen, der doppelt so lang wie der rote Streifen ist?
f) Wie lang ist ein Streifen, der halb so lang wie der blaue Streifen ist?
g) Wie lang ist ein Streifen, der halb so lang wie der grüne Streifen ist?
h) Kann es sein, dass alle Streifen zusammen fünf Meter lang sind?

2 Welche Streifen aus Aufgabe 1 musst du hintereinander legen, damit sie zusammen genau zehn Zentimeter lang sind? Es gibt mehrere Möglichkeiten.

3 Gib die Länge der Strecken in Zentimeter an. Miss mit dem Lineal.

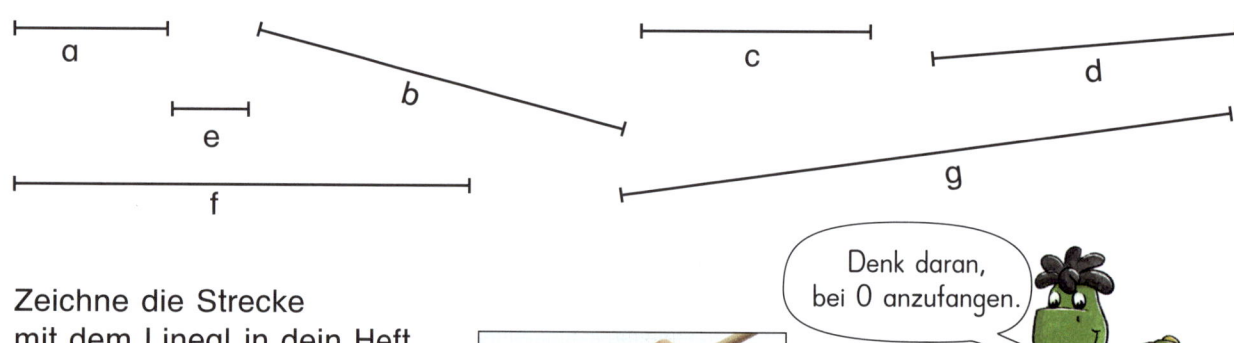

4 Zeichne die Strecke mit dem Lineal in dein Heft.

a) 4 cm   b) 8 cm
c) 10 cm   d) 14 cm
e) 1 cm   f) 6 cm
g) 7 cm   h) 12 cm

Denk daran, bei 0 anzufangen.

F

5

Rund ums Schulgebäude

Wie viele Kinder müssen sich an den Händen fassen, um eine Kinderkette um euer Schulgebäude zu bilden?

Tipp
Überlege, wie lang und breit das Schulgebäude ist. Überlege auch, wie lang deine Armspanne ist.

5 Fermi-Aufgabe: Offene Sachsituation. Kinder sammeln Daten, gehen eigene Lösungswege und können zu individuellen Ergebnissen kommen.

Schulmöbel: Schulkinder müssen auf passenden Stühlen sitzen. Deshalb gibt es Tische und Stühle in verschiedenen Größen. Die Größe erkennt man an den farbigen Punkten.

Körpergröße			Tischhöhe	Sitzhöhe	Farbe
1 m 13 cm	bis	1 m 27 cm	52 cm	30 cm	●
1 m 28 cm	bis	1 m 42 cm	58 cm	34 cm	●
1 m 43 cm	bis	1 m 57 cm	64 cm	38 cm	●
1 m 58 cm	bis	1 m 72 cm	70 cm	42 cm	●

1 Sitzen die Kinder auf passenden Stühlen?

Ich bin 1 m 48 cm groß. Mein Stuhl hat einen roten Punkt.

Lisa

Ich bin 1 m 39 cm groß. Mein Stuhl hat auch einen roten Punkt.

Pia

Ich bin 1 m 41 cm groß. Mein Stuhl hat einen gelben Punkt.

Ben

2

Tischgruppe 1

Noah:	☐ m	☐ ☐ cm
Jan:	1 m	3 4 cm
Laura:	1 m	2 6 cm
Paul:	1 m	3 0 cm
Lena:	1 m	4 4 cm

a) Wie groß ist Noah? Lies auf dem Foto ab.
b) Wie heißt das größte Kind?
c) Welches Kind ist am kleinsten?
d) Welche Tische und welche Stühle brauchen die Kinder?

Du bist 1 m 42 cm groß.

3

Messt die Kinder in eurer Tischgruppe.
a) Welches Kind ist am kleinsten?
b) Welches Kind ist am größten?
c) Wie groß bist du? Welchen Stuhl brauchst du?
d) Welche Stühle brauchen die anderen Kinder?
e) Vergleicht mit den anderen Tischgruppen.
f) Überprüft, ob ihr auf den richtigen Stühlen sitzt.

4 Vergleiche die Körpergrößen. <, >, =

a) 1 m 18 cm ◯ 1 m 80 cm

1 m 20 cm ◯ 1 m 2 cm

1 m 4 cm ◯ 94 cm

b) 1 m 98 cm ◯ 1 m 89 cm

87 cm ◯ 1 m

1 m 1 cm ◯ 1 m 10 cm

Nach dieser Seite empfiehlt sich eine Lernstandsfeststellung.

1

Lösungsweg:

• Rechnung
• Tabelle
• **Skizze**

Tom spielt gerne Fußball.
Heute trainiert er für das nächste
Spiel. Der Fußball-Slalom ist
zwölf Meter lang.
Der Abstand zwischen den
Hütchen ist ein Meter.
Löse die Aufgabe mit einer Skizze.
Nimm zwei Kästchen für 1 m.

F: Wie viele Hütchen werden gebraucht?

L: Der Fußball-Slalom ist ■ ■ m lang.

Der Abstand zwischen den Hütchen ist ■ m.

Start

A:

2 An einer Seite des Gartens baut Vater einen Zaun.
Die Seite ist 24 Meter lang.
Alle vier Meter schlägt Vater einen Pfosten ein.
Wie viele Pfosten schlägt Vater ein?
Zeichne eine Skizze. Nimm ein Kästchen für 2 m.

3 Marie feiert ihren 7. Geburtstag im Garten. Zwischen den Bäumen wird
eine Schnur mit Fähnchen gespannt. Es werden neun Fähnchen aufgehängt.
Der Abstand zwischen den Fähnchen ist ein Meter, genau so groß ist
auch der Abstand zwischen Baum und Fähnchen.

F: Wie weit stehen die beiden Bäume
auseinander?

L:

4 Michael kauft eine zwölf Meter lange Schnur. Sie kostet 16 €.
Er will die Schnur in jeweils ein Meter lange Stücke zerschneiden.
Wie oft muss er die Schnur durchschneiden? Zeichne eine Skizze.

5 Tina und Paul trainieren auf dem
Spielplatz. Der Spielplatz ist 30 Meter
lang und 14 Meter breit.

Paul läuft einmal um den Platz herum.
Tina läuft dreimal die lange Seite.
Wer ist weiter gelaufen?
Wie groß ist der Unterschied?
Zeichne eine Skizze.

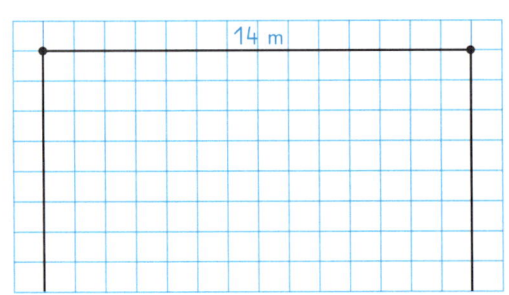

14 m

1 Anja wünscht sich zwei Angora-Meerschweinchen.
a) Wie viel Euro hat Anja gespart?
b) Wie viel Euro muss Anja noch sparen?
c) Was wäre, wenn sie lieber zwei Schecken-Meerschweinchen hätte?

a)	A:	☐ ☐ € hat Anja gespart.			
b)	L:	1 8 € + 1 8 € = 3 6 €			
		☐ ☐ € + ☐ ☐ € = 3 6 €			
	A:	☐ ☐ € muss Anja noch sparen.			

2 Jonas wünscht sich zwei Rosetten-Meerschweinchen.
a) Wie viel Euro hat Jonas gespart?
b) Wie viel Euro muss er noch sparen?
c) Was wäre, wenn er lieber zwei Angora-Meerschweinchen hätte?

3 Dennis wünscht sich einen Transportkäfig für seine Meerschweinchen. Er hat bald Geburtstag. Sein Opa schenkt ihm immer Geld.

4 Jonas hat bald Geburtstag. Anja und Dennis kaufen ihm das Buch über Meerschweinchen und die Flasche.
a) Wie viel Euro müssen sie bezahlen?
b) Was wäre, wenn sie statt des Buchs das Futter kaufen würden?

5

Meine Wünsche

Meerschweinchen
Buch
Futter
Flasche
Napf

6 a) Onkel Peter kauft zwei Rosetten-Meerschweinchen, ein Buch, Futter, einen Futternapf und eine Flasche.
b) Wie viel Euro müsste er bezahlen, wenn er zwei andere Meerschweinchen genommen hätte?

7 Oma kauft zwei Rosetten-Meerschweinchen und die Flasche. Welche Antwort passt?

A Oma ist 63 Jahre alt.   B Oma zahlt 28 Euro.   C Oma gibt einen 50-Euro-Schein und erhält 17 Euro zurück.

8 Schreibe eigene Rechengeschichten zu dem Bild. Was würdest du kaufen?

1 bis 8 Daten aus dem Bild entnehmen. Sachsituationen lösen. Bedingungen variieren.
5 Preis für eigene Wünsche berechnen.

1 Die Kinder haben einige Tätigkeiten und die Ergebnisse aufgeschrieben.

Auf welche Tafel gehören die Zettel?

sicher	möglich	unmöglich

Ein Würfel wird geworfen. *Ergebnis:* Die Augenzahl ist gerade.

Ein Würfel wird geworfen. *Ergebnis:* Die Augenzahl ist größer als Sechs.

Eine Murmel rollt über die Tischkante. *Ergebnis:* Sie fällt nach unten.

Ein Würfel wird geworfen. *Ergebnis:* Die Augenzahl ist größer als Null.

Aus einem Kartenspiel wird eine Karte gezogen. *Ergebnis:* Die Karte zeigt eine 8.

Eine Euromünze wird gezogen. *Ergebnis:* Es ist eine 2-Euro-Münze.

Ein Würfel wird geworfen. Ergebnis: Die Augenzahl ist nicht Sechs.

Eine Euromünze wird geworfen. *Ergebnis:* Oben liegt die Zahl.

Eine Euromünze wird gezogen. *Ergebnis:* Es ist eine 3-Euro-Münze.

Thomas schießt mit einem Fußball. Ergebnis: Der Ball landet in Afrika.

2 Überlege für deine Klasse. Ordne zu.

wahr-scheinlich

Heute nachmittag gehen alle Kinder zum Zahnarzt.

unwahr-scheinlich

3 Entscheide für die Kinder in deiner Klasse.
Ordne zu: wahrscheinlich oder unwahrscheinlich?

a) Jedes Kind hat einen Bruder.

b) Jedes Kind kennt ein Gedicht.

c) Alle Kinder können bis 100 zählen.

d) Die Lieblingsfarbe aller Kinder ist lila.

e) Ein Kind hat keinen Bruder.

f) Kein Kind kennt ein Gedicht.

g) Ein Kind kann bis 200 zählen.

h) Die Lieblingsfarbe eines Kindes ist rosa.

4 Erfindet eigene Aussagen und untersucht sie.

1 Begriffe *sicher*, *möglich* und *unmöglich* wiederholen. **2** Begriffe *wahrscheinlich* und *unwahrscheinlich* einführen.
3 Neue Begriffe üben.

1 Am Glücksrad gewinnt, wer auf das gelbe Feld kommt. Zahlix möchte gewinnen.
Er überlegt, zu welchem Glücksrad er gehen soll.
Bei welchem Glücksrad hat er die größte Chance zu gewinnen? Begründe.

Zahlix geht zu Glücksrad ▓ , weil ▬▬▬▬▬▬▬▬ .

2 Schau die Glücksräder in Aufgabe 1 an.
Entscheide und besprich dann deine Wahl mit deinem Partner.

a) Rot gewinnt. Bei welchem Glücksrad ist die Chance zu gewinnen am größten?
b) Blau gewinnt. Bei welchem Glücksrad ist die Chance zu gewinnen am größten?
c) Bei welchen Glücksrädern setzt du bestimmt nicht auf gelb?
d) Auf welche Farbe setzt du bei Glücksrad 2?

3 Auf welche Farbe würdest du bei diesen Glücksrädern jeweils setzen?
Blau oder gelb? Begründe deine Entscheidung.

4

Am Losstand gibt es etwas zu gewinnen. Im Eimer sind 10 Lose.
Es gibt einen Hauptpreis, drei Trostpreise und sechs Nieten.

a) Wie viele Lose muss Lena ziehen, um sicher einen
Hauptpreis zu bekommen?
b) Wie viele Lose muss Lena ziehen, um sicher
einen Preis zu bekommen?
c) Welche Chance ist größer? Die Chance, einen Hauptpreis
zu ziehen, oder die Chance, einen Trostpreis zu ziehen?

5 Am Losstand gibt es etwas zu gewinnen.
Es gibt 100 Lose. Ich darf nur ein Los ziehen.
Welche Aussage stimmt? Schreibe wahr (w) oder falsch (f).

A: Es ist sicher, dass ich einen Hauptpreis ziehe.
B: Es ist unmöglich, einen Trostpreis zu ziehen.
C: Die Chance, eine Niete zu ziehen, ist größer als
die Chance, einen Hauptpreis zu ziehen.

10 Hauptpreise
40 Trostpreise
50 Nieten

1 bis **5** Spielsituation besprechen und evtl. nachspielen, Gewinnchancen an den Glücksrädern
bzw. beim Ziehen von Losen bewerten. Begriffe zur Wahrscheinlichkeit richtig anwenden.
Nach dieser Seite empfiehlt sich eine Lernstandsfeststellung.

1
a) 44 + 15   b) 21 + 36   c) 56 + 33
   32 + 28   56 + 40   30 + 47
   67 + 31   64 + 36   26 + 54

57   59   60   66   77   80   89   96   98   100

2
a) + 27   b) + 39   c) + 46

38	▦
49	▦
65	▦

27	▦
55	▦
48	▦

36	▦
47	▦
29	▦

65   66   75   76   82   86   87   92   93   94

3
a) − 32   b) − 44   c) − 25

64	▦
96	▦
75	▦

95	▦
78	▦
89	▦

100	▦
60	▦
98	▦

32   34   35   43   45   51   63   64   73   75

4
a) 43 − 18   b) 55 − 26   c) 90 − 56
   92 − 25   63 − 35   84 − 42

25   28   29   34   42   46   67

5
a) 37 + 43   b) 74 − 39   c) 28 + 49
   46 + 24   93 − 59   36 + 59

34   35   64   70   77   80   95

6 Schreibe zwei weitere Aufgaben zu jeder Aufgabenfolge.

a)
33 + 26
34 + 27
35 + 28

b)
78 − 33
79 − 34
80 − 35

c)
50 − 22
51 − 21
52 − 20

7
a) 27 + 38 − 17   b) 35 + 46 − 16
   58 + 23 − 28   14 + 39 − 29
   46 + 58 − 16   48 + 44 − 14

24   35   48   53   65   78   88

8 Zahlenrätsel. Wie heißt die Zahl? Löse mit Hilfe der Umkehraufgabe.

a) Wenn du von der gesuchten Zahl die Zahl 45 wegnimmst, erhältst du 37.

b) Wenn du zu der gesuchten Zahl die Zahl 33 dazuzählst, erhältst du 60.

9 Wie lang sind die Strecken?

a) ├─────────────────────┤
b) ├──────┤   c) ├──────────┤

10 Zeichne die Strecken.

a) 4 cm   b) 9 cm   c) 15 cm

11 Große Längen – kleine Längen. Setze ein: m oder cm.

a) Die Tür ist 95 ▦ breit.
b) Die Tasse ist 7 ▦ hoch.
c) Das Auto ist 4 ▦ lang.
d) Das Fußballfeld ist 95 ▦ lang.

12 Vergleiche. < , > , =

1 m 34 cm ◯ 1 m 43 cm
79 cm ◯ 1 m 19 cm
1 m 60 cm ◯ 1 m 6 cm

13 Ordne die Kinder nach der Größe. Beginne mit dem größten Kind.

 Ich bin 1 m 26 cm groß.

 Ich bin 1 m 32 cm groß.

 Ich bin 8 cm größer als Lea.

Lea   Salim   Melanie

1 a) Welche Figuren sind Rechtecke? Welche davon Quadrate?
b) Welche Figuren sind Dreiecke?

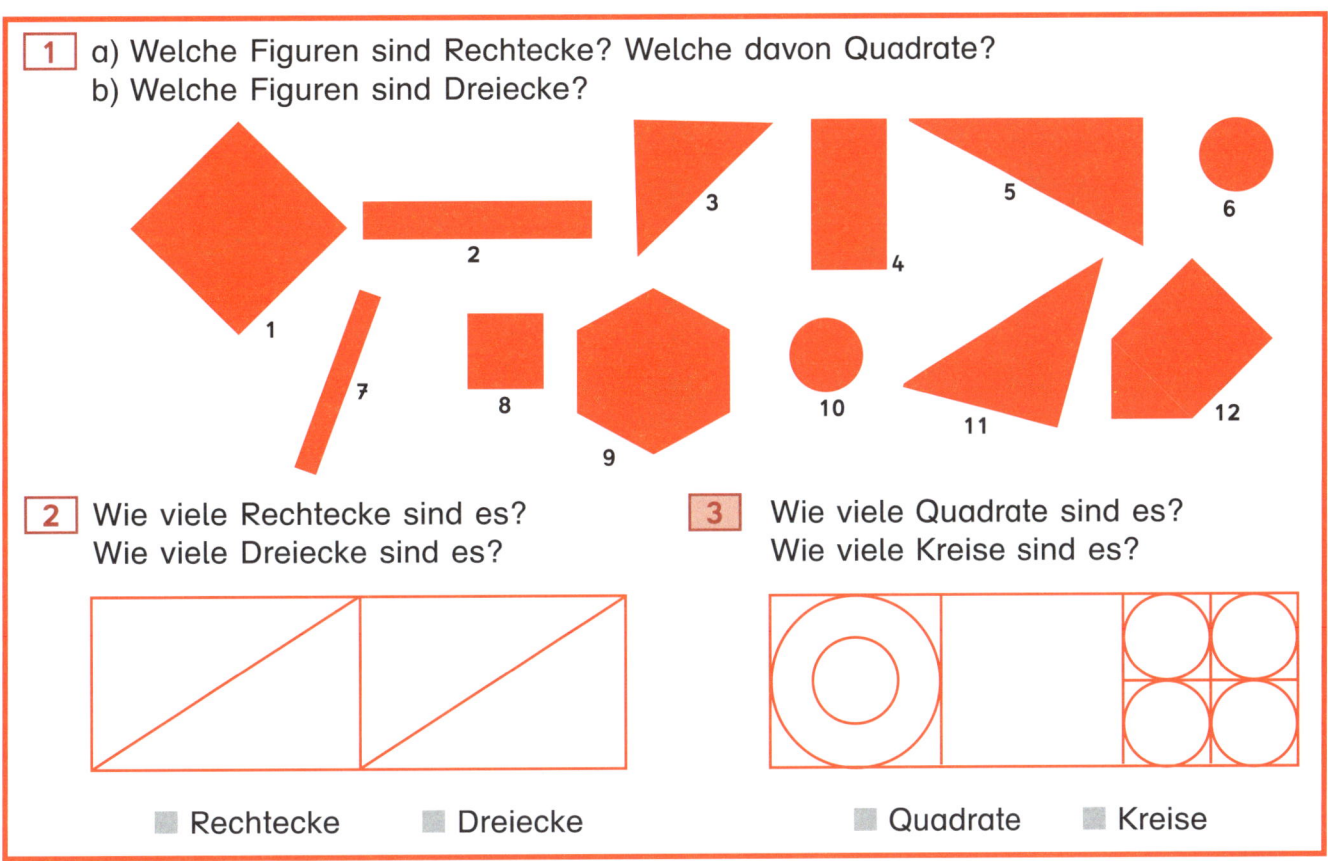

2 Wie viele Rechtecke sind es?
Wie viele Dreiecke sind es?

◼ Rechtecke ◼ Dreiecke

3 Wie viele Quadrate sind es?
Wie viele Kreise sind es?

◼ Quadrate ◼ Kreise

Wo sehen die Kinder den roten Würfel?

4 Links oder rechts?

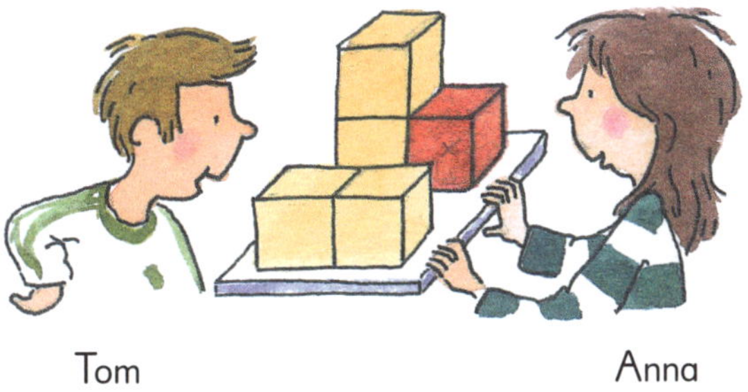

Tom   Anna

5 Vorne oder hinten?
Links oder rechts?

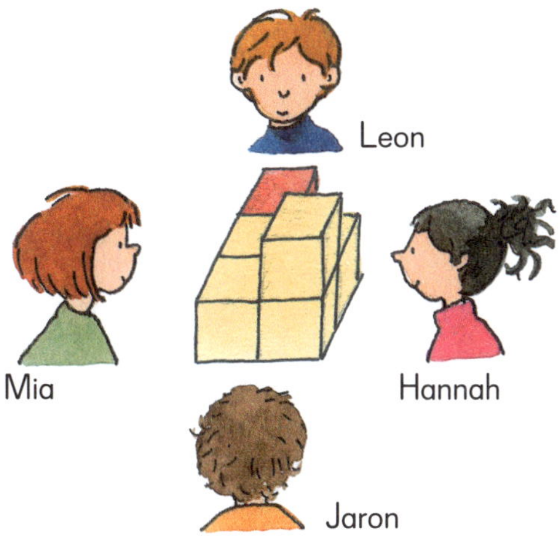

Leon

Mia   Hannah

Jaron

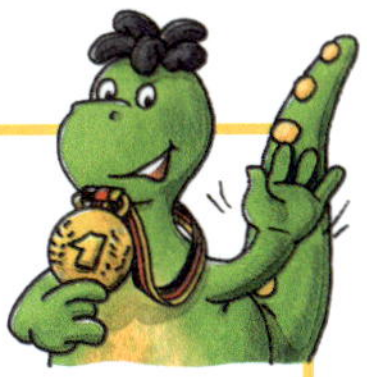

6 Peter betrachtet ein Foto
von fünf Freunden
auf einer Bank.

Bruno sieht er rechts neben Lilli.
Karin sieht er ganz links.
Fiona sieht er rechts von Bruno,
aber nicht am Rand.
Wo sieht er Rafael?

Schreibe oder male,
wie die Kinder sitzen.
Eine Skizze
oder eine Tabelle
kann dir helfen.

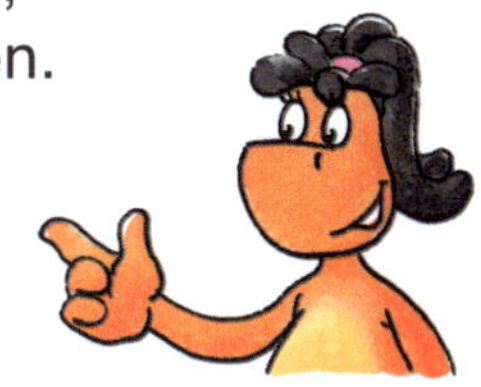

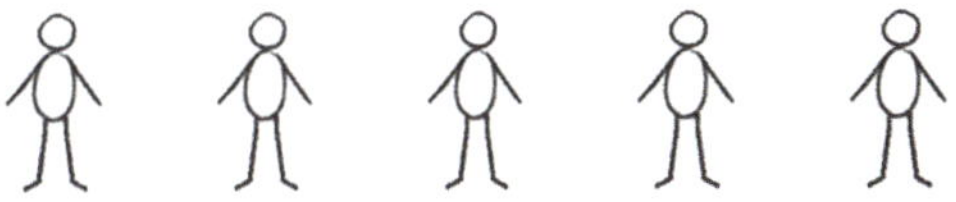

1.	2.	3.	4.	5.
◼	◼	◼	◼	◼

Malnehmen

1

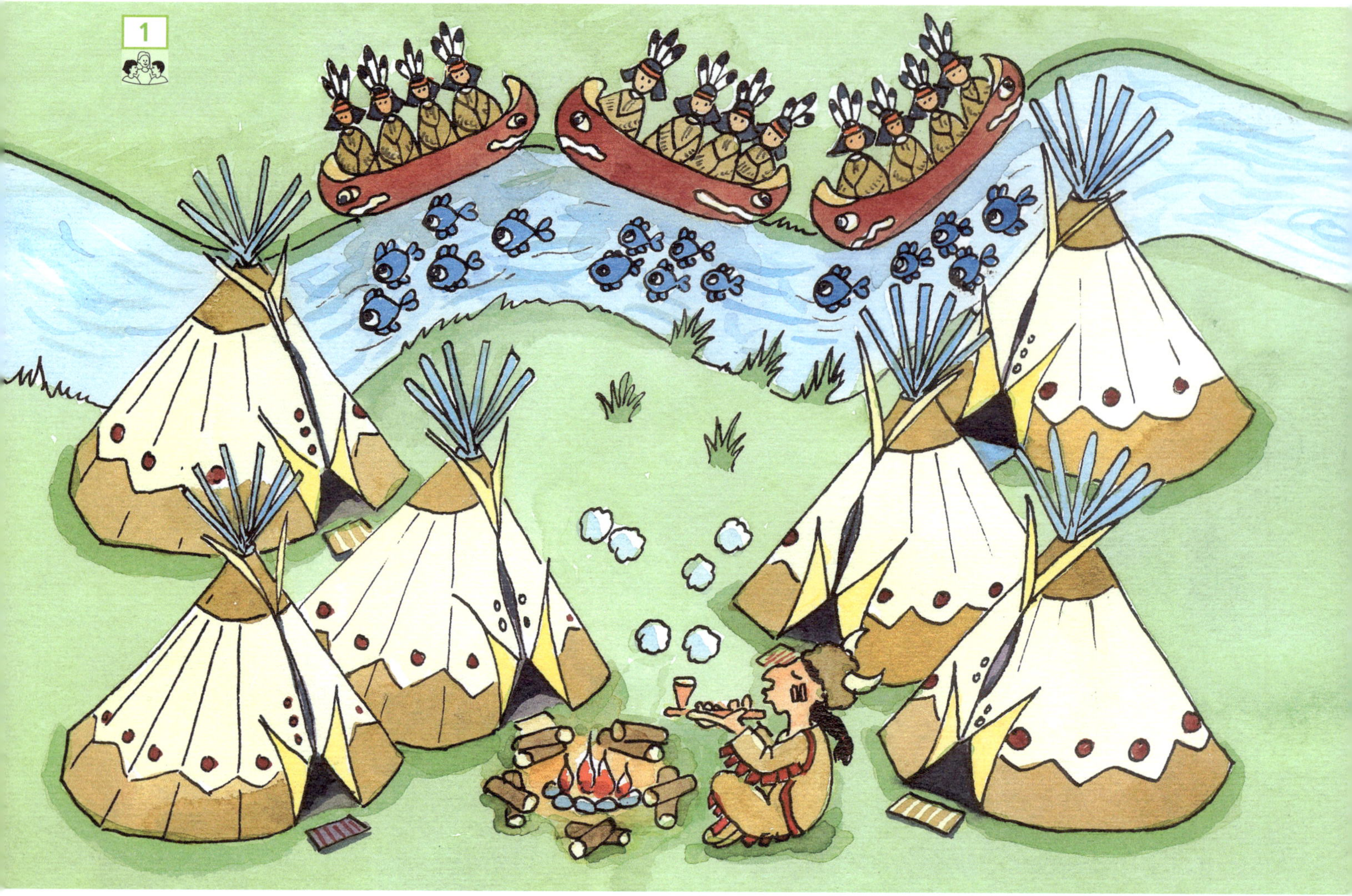

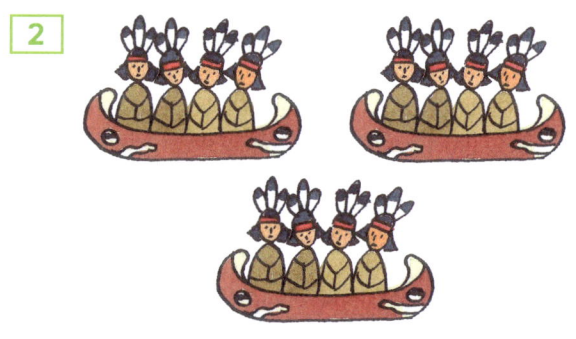

2

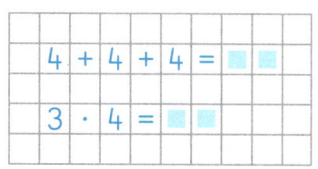

4 + 4 + 4 = ▢▢

3 · 4 = ▢▢

3

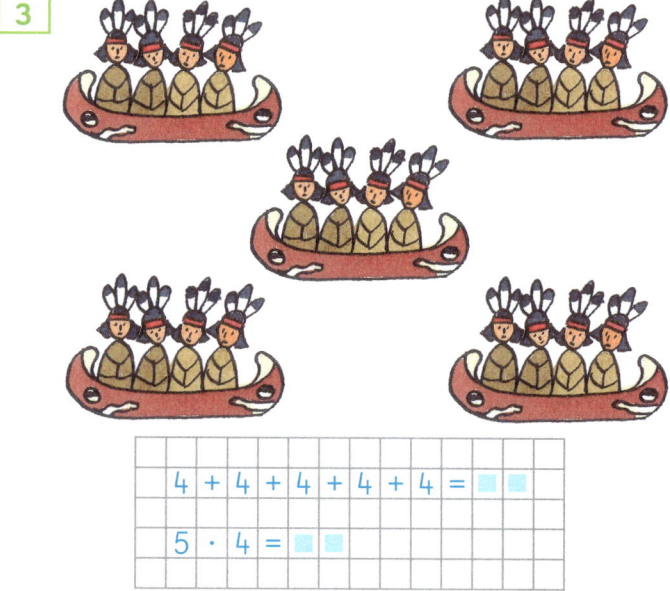

4 + 4 + 4 + 4 + 4 = ▢▢

5 · 4 = ▢▢

!

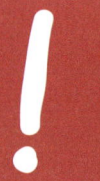

4 + 4 + 4 = 12
3 · 4 = 12
3 mal 4 ist gleich 12

Das ist eine **Malaufgabe**. Wir nehmen mal.
⊙ ist das Zeichen für **mal**.

1 Zum Bild erzählen. Plus- und Malaufgaben entdecken. Roter Kasten: Wortspeicher nutzen.

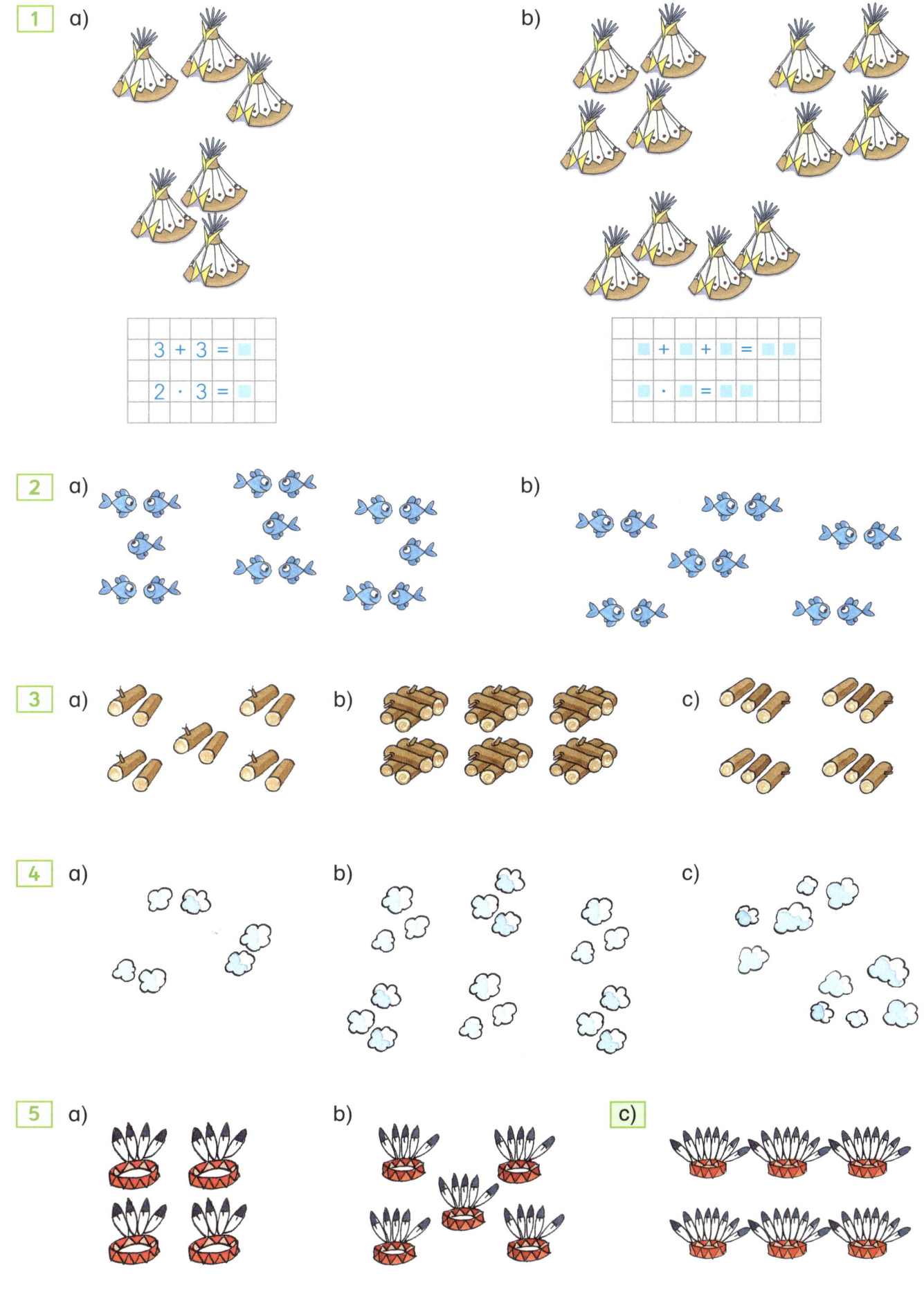

1 a)

$3 + 3 = \square$

$2 \cdot 3 = \square$

b)

$\square + \square + \square = \square\square$

$\square \cdot \square = \square\square$

2 a)   b)

3 a)   b)   c)

4 a)   b)   c)

5 a)   b)   c)

6 Finde eigene Aufgaben.

1 bis 5 Zu jedem Bild eine Plus- und eine Malaufgabe schreiben.

1 Schreibe die Plusaufgabe und die Malaufgabe.

a)

b)

c)

d)

e)

f)

g)

2 Schreibe die Plusaufgabe und die Malaufgabe.

a)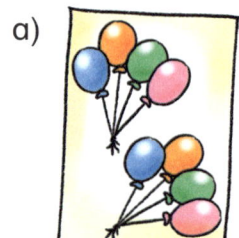

b)

c)

d)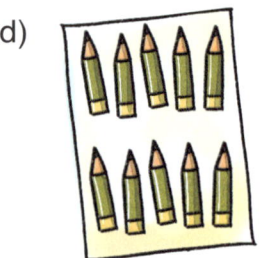

3 Suche Malaufgaben in deiner Umgebung. Male und rechne.

4 Male zu jeder Aufgabe ein Bild.

a) 4 · 4   b) 2 · 5   c) 3 · 3   d) 5 · 3   e) 3 · 5

5 Falte und loche. Schreibe die Plusaufgabe und die Malaufgabe.

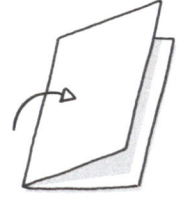   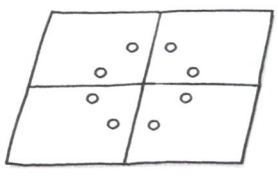

6 Wie viele Punkte sind es? Schreibe die Plusaufgabe und die Malaufgabe.

a)   b)   c)   d)

7 Wie viele Töne sind es? Schreibe die Plusaufgabe und die Malaufgabe.

a)    b)

c)    d)

e)

1 bis 4 Handlungen ausführen. Zu jedem Bild eine Plus- und eine Malaufgabe schreiben.

1

Ich sehe 3 + 3 + 3 + 3, also 4 · 3 = 12 Flaschen.

Ich sehe 4 + 4 + 4, also 3 · 4 = 12 Flaschen. Das ist die **Tauschaufgabe.**

2 Schreibe zwei Malaufgaben.

a)

b)

3 Welche Malaufgaben findest du?

a)

b)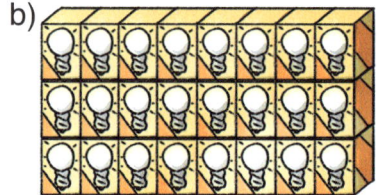

c)

4 Schreibe zu jedem Punktefeld zwei Malaufgaben.

a)

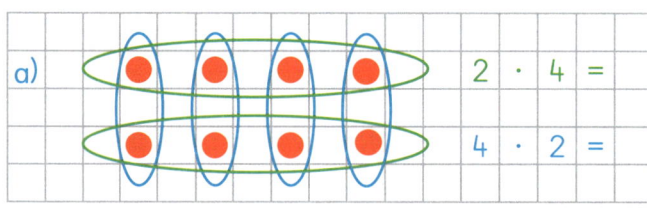

a) $2 · 4 =$

$4 · 2 =$

b)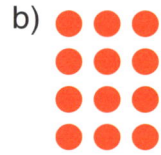

c)  d)  e)  f)

g) 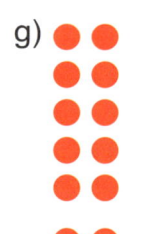 h)  i)  k)  l)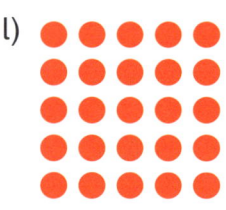

j)

5 Zeichne zu jeder Aufgabe ein Punktefeld.
Schreibe Aufgabe und Tauschaufgabe dazu.

a) 3 · 2   b) 2 · 6   c) 4 · 6   d) 4 · 3   e) 7 · 1

6 Rechne Aufgabe und Tauschaufgabe. Ein Punktefeld kann dir helfen.

a) 4 · 2   b) 5 · 3   c) 2 · 5   d) 5 · 4   e) 2 · 8

$2 · 3 = 6$
×
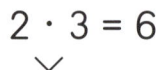 $3 · 2 = 6$

Aufgabe und **Tauschaufgabe**:
Beim Malnehmen kann man die Zahlen vertauschen, das Ergebnis bleibt gleich.

Eventuell Buchbeilage „Hunderterpunktefeld" zum Zeigen verwenden. Roter Kasten: Wortspeicher nutzen.

1 Nimm immer drei Dinge.
a) Greife dreimal. $3 \cdot 3 = \square$
b) Greife fünfmal. $5 \cdot 3 = \square$
c) Greife sechsmal. $\square \cdot 3 = \square$
d) Greife zehnmal. $\square \cdot 3 = \square$

2 Nimm immer zwei Dinge.
a) Greife zweimal. $\square \cdot 2 = \square$
b) Greife viermal. $\square \cdot 2 = \square$

3 Nimm immer vier Dinge.
a) Greife zweimal.   b) Greife fünfmal.   c) Greife zehnmal.
d) Greife viermal.   e) Greife sechsmal.   f) Greife achtmal.

4 Indianer „Blaue Welle" angelt jeden Tag am Fluss vier Fische für das Abendessen. Wie viele Fische angelt er in einer Woche? Schreibe die Malaufgabe.

Montag   Dienstag   Mittwoch   Donnerstag   Freitag   Samstag   Sonntag

5 Indianer „Schnelle Angel" angelt in einer Woche jeden Tag fünf Fische. Übertrage die Tabelle in dein Heft. Fülle weiter aus.

Tage	Fische
1	5
2	1 0
3	1 5
4	

6 Indianer „Langsames Netz" angelt in einer Woche jeden Tag zwei Fische. Schreibe eine Tabelle.

7 Indianer „Fleißiger Fänger" angelt von Montag bis Freitag jeden Tag sechs Fische.

8 Indianer „Flotter Fisch" angelt von Montag bis Freitag jeden Tag drei Fische.

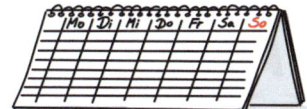

F

9

Mathematikstunden

Wie viele Stunden Mathematikunterricht hattest du im letzten Monat?

Tipp 1
Überlege, wie viele Stunden du in einer Woche hast.

Tipp 2
Verwende einen Kalender.

1 Spiel: In jeder Hand sind immer gleich viele Plättchen.
Spielt. Nennt bei jedem Spiel auch immer die Malaufgabe.

4 · 2 = ▨   4 · 1 = ▨   4 · ▨ = ▨

2
a)	b)	c)	d)	e)
4 · 3	5 · 2	2 · 0	6 · 1	8 · 2
4 · 4	5 · 0	2 · 3	6 · 0	8 · 1
4 · 1	5 · 3	2 · 4	6 · 2	8 · 0

3
a)	b)	c)	d)	e)
2 · 3	2 · 4	3 · 2	2 · 6	5 · 0
1 · 3	1 · 4	0 · 2	1 · 6	3 · 0
0 · 3	0 · 4	2 · 2	0 · 6	0 · 0

4 Aufgepasst!

a)
```
4 + 0 = ▨
4 · 0 = ▨
4 − 0 = ▨
```

b)
```
10 · 0 = ▨
10 + 0 = ▨
10 − 0 = ▨
```

c)
```
0 · 5 = ▨
0 + 5 = ▨
5 − 5 = ▨
```

d)
```
1 · 0 = ▨
0 + 1 = ▨
0 · 1 = ▨
```

5 Welche Zahlen musst du einsetzen?

a)
```
4 + ▨ = 4
4 − ▨ = 4
4 − ▨ = 0
```

b)
```
3 · ▨ = 0
3 − ▨ = 0
3 · ▨ = 3
```

c)
```
▨ · 1 = 0
▨ · 1 = 1
▨ + 1 = 1
```

6 Welche Zahlen kannst du einsetzen?

```
▨ · 0 = 0
0 · ▨ = 0
```
0 1 2 3

7 Zahlenrätsel. Löse mit Hilfe der Umkehraufgabe.

a) Von welcher Zahl musst du 39 abziehen, um 47 zu erhalten?

a) | | − 3 9 | |
| | | 4 7 |
| | + 3 9 | |

b) Von welcher Zahl musst du 29 abziehen, um 58 zu erhalten?

c) Von welcher Zahl musst du 66 abziehen, um 19 zu erhalten?

1 Zahlix und Zahline zeigen eine Malaufgabe am Punktefeld.

2 Schreibe die Malaufgabe auf. Löse mit Hilfe der Plusaufgabe.

a) 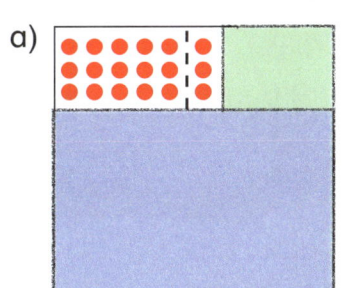   b) 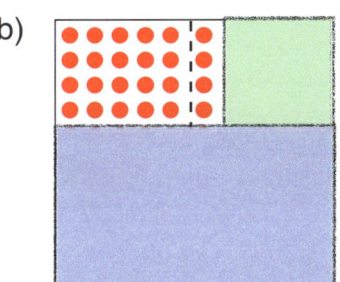   c)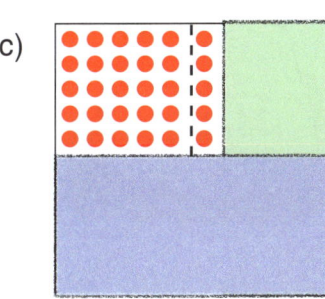

d) 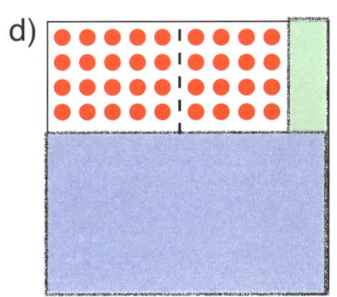   e) 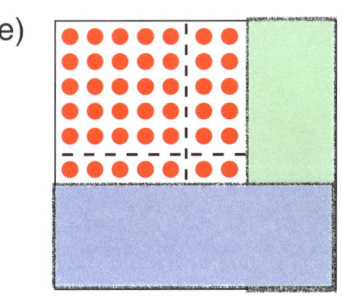   f)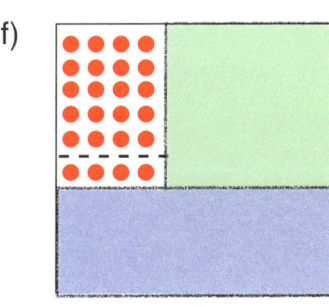

g) 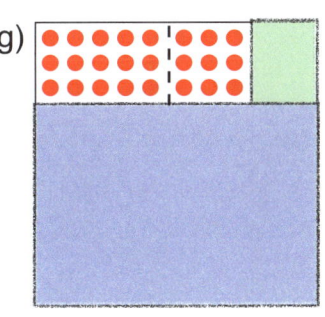   h) 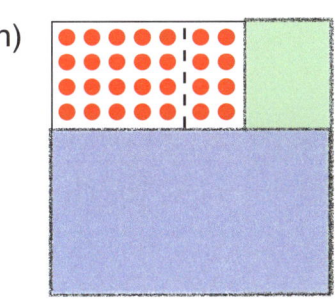   i)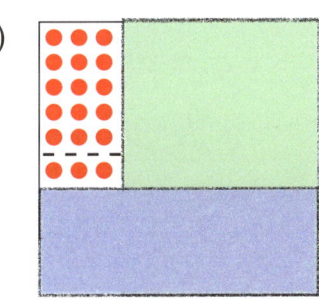

j) 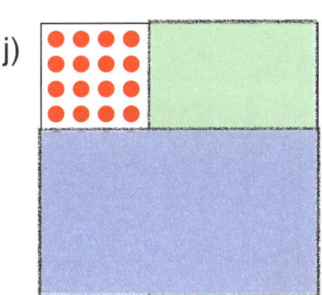   k) 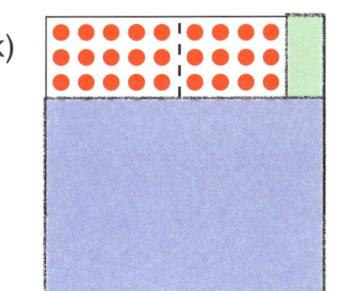   l)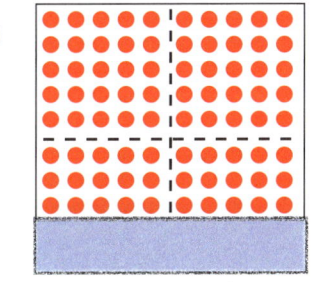

3 Zeige die Malaufgaben am Punktefeld. Dein Partner prüft nach. Wechselt euch ab.

   4 · 7   7 · 5   6 · 3   3 · 2   9 · 4   8 · 6   5 · 5

1 bis **3** Buchbeilage „Hunderterpunktefeld" verwenden. Leserichtung für Malaufgaben am Hunderterpunktefeld vereinbaren: Anzahl der Zeilen mal Anzahl der Punkte in einer Zeile.
Nach dieser Seite empfiehlt sich eine Lernstandsfeststellung.

1 Zahlix hat viele Sachen in seinem Beutel. Die Zwillinge „Schneller Pfeil" und „Adlerauge" haben in ihrem Beutel von allem das Doppelte. Rechne.

2 Decke ab. Verdopple. Schreibe die Malaufgaben in dein Heft.

a)
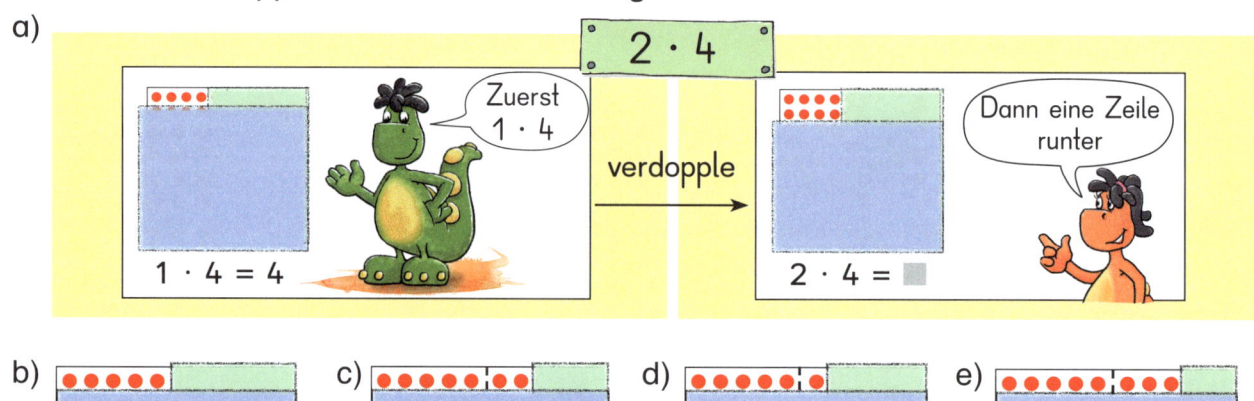

b) c) d) e)

3 Zeige am Punktefeld und rechne. Trage die Ergebnisse in deine Büffelhaut ein.

a) 1 · 4   b) 1 · 1   c) 1 · 3   d) 1 · 5   e) 1 · 6   f) 1 · 2
   2 · 4   2 · 1   2 · 3   2 · 5   2 · 6   2 · 2

4 Rechne Malaufgaben mit 2, Aufgabe und Tauschaufgabe. Trage die fehlenden Ergebnisse in deine Büffelhaut ein.

a) 2 · 7   b) 2 · 3   c) 2 · 6   d) 2 · 10
   7 · 2   3 · 2   ▢ · ▢   ▢ · ▢

e) 2 · 5   f) 2 · 9   g) 2 · 4   h) 2 · 8
   ▢ · ▢   ▢ · ▢   ▢ · ▢   ▢ · ▢

5 a) 4 · 2   b) 8 · 2   c) 9 · 2   d) 10 · 2
    2 · 1   2 · 7   1 · 8   1 · 9

! Alle Malaufgaben mit 1 und 2 sind **Kernaufgaben**.

4 Buchbeilage „Büffelhaut" kennen lernen. Buchbeilagen „Hunderterpunktefeld" und „Büffelhaut" verwenden. Malaufgaben am Hunderterpunktefeld und auf der Büffelhaut zeigen. Roter Kasten: Wortspeicher nutzen.

1   a)

b) $10 \cdot 4 = \blacksquare$

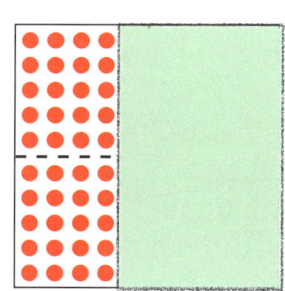

c) $10 \cdot 5 = \blacksquare$

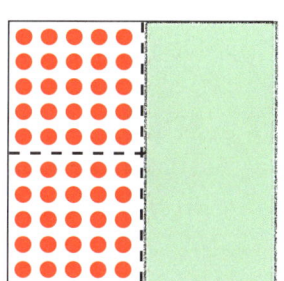

2   Zeige die Malaufgaben am Punktefeld und rechne aus.

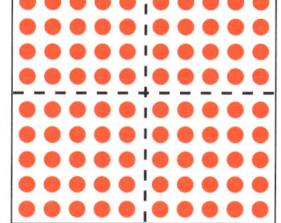

a) $10 \cdot 1$	b) $10 \cdot 8$	c) $10 \cdot 7$	d) $10 \cdot 0$
$10 \cdot 2$	$10 \cdot 4$	$10 \cdot 9$	$10 \cdot 10$
$10 \cdot 3$	$10 \cdot 5$	$10 \cdot 10$	$10 \cdot 6$

3
a) $10 \cdot \blacksquare = 30$	b) $10 \cdot \blacksquare = 70$	c) $10 \cdot \blacksquare = 60$	d) $10 \cdot \blacksquare = 20$
$10 \cdot \blacksquare = 50$	$10 \cdot \blacksquare = 10$	$10 \cdot \blacksquare = 90$	$10 \cdot \blacksquare = 80$

4

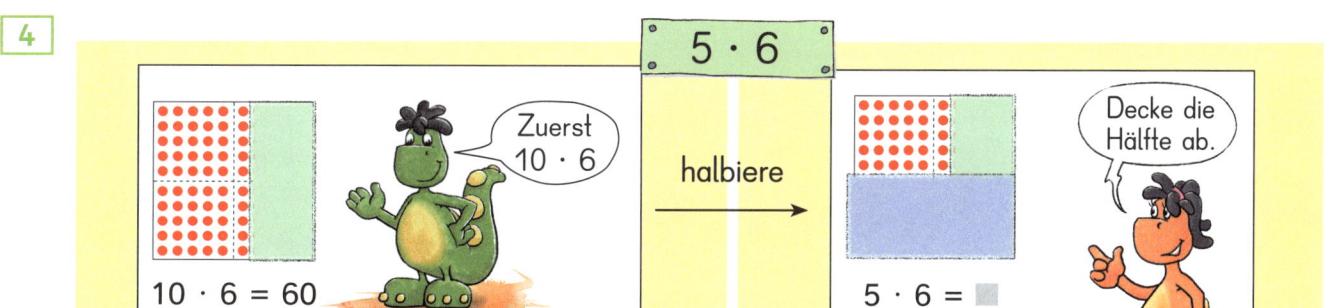

$5 \cdot 6$

Zuerst $10 \cdot 6$

$10 \cdot 6 = 60$

halbiere

Decke die Hälfte ab.

$5 \cdot 6 = \blacksquare$

5   Zeige die Malaufgaben am Punktefeld und rechne aus.

a) $10 \cdot 3$	b) $10 \cdot 6$	c) $10 \cdot 7$	d) $10 \cdot 10$	e) $10 \cdot 9$
$5 \cdot 3$	$5 \cdot 6$	$5 \cdot 7$	$5 \cdot 10$	$5 \cdot 9$

6   Rechne Aufgabe und Tauschaufgabe.

a) $10 \cdot 3$	b) $5 \cdot 2$	c) $10 \cdot 6$	d) $5 \cdot 7$
$3 \cdot 10$	$\blacksquare \cdot \blacksquare$	$\blacksquare \cdot \blacksquare$	$\blacksquare \cdot \blacksquare$

7   Rechne Aufgabe und Tauschaufgabe.

a) $5 \cdot 4$	b) $5 \cdot 1$	c) $5 \cdot 8$	d) $5 \cdot 7$
e) $5 \cdot 9$	f) $5 \cdot 0$	g) $5 \cdot 10$	h) $5 \cdot 3$

8
a) $5 \cdot \blacksquare = 20$	b) $5 \cdot \blacksquare = 35$	c) $5 \cdot \blacksquare = 10$
$5 \cdot \blacksquare = 15$	$5 \cdot \blacksquare = 40$	$5 \cdot \blacksquare = 30$

9
a) $5 \cdot 4$	b) $10 \cdot 2$	c) $5 \cdot 3$	d) $5 \cdot 2$
$5 \cdot 8$	$10 \cdot 4$	$5 \cdot 6$	$5 \cdot 4$

Alle Malaufgaben mit 5 und 10 sind **Kernaufgaben**.

!

Buchbeilagen „Hunderterpunktefeld" und „Büffelhaut" verwenden. **9** Starke Aufgaben. Zusätzlich: Gesetzmäßigkeit beschreiben. Roter Kasten: Wortspeicher nutzen. Zusätzlich: Ergebnisse der Kernaufgaben mit 10 und 5 in die Büffelhaut eintragen.

1 Decke an deinem Punktefeld Quadrate ab.
Dein Partner nennt die Aufgabe.

$5 \cdot 5 = 25$

2 Arbeite weiter auf deiner Büffelhaut.
Trage die Quadratzahlen ein.
Auch das sind Kernaufgaben.
Wo stehen sie in der Büffelhaut?

3 Welche Zahlen sind Quadratzahlen?
Schreibe die Malaufgabe dazu.

| 4 | 10 | 25 | 33 | 36 | 50 |

$4 = 2 \cdot 2$ 64   77   81   100

4 Welche Quadratzahl ist es?
Schreibe die Malaufgabe dazu.

a) Sie liegt zwischen 10 und 20.

b) Sie liegt zwischen 30 und 40.

c) An einer Stelle hat sie eine 8.

d) Sie liegt zwischen 60 und 70.

e) Sie hat zwei Nullen.

5 Von Quadrataufgaben zu Nachbaraufgaben.
Zeige am Punktefeld und rechne.

a) $5 \cdot 5$
   $6 \cdot 5$

b) $3 \cdot 3$
   $4 \cdot 3$

c) $4 \cdot 4$
   $5 \cdot 4$

d) $6 \cdot 6$
   $7 \cdot 6$

e) $7 \cdot 7$
   $8 \cdot 7$

f) $8 \cdot 8$
   $9 \cdot 8$

$7 \cdot 6$

$6 \cdot 6 = 36$
6 mehr

6 a) $4 \cdot 4$
     $4 \cdot 5$

b) $5 \cdot 5$
   $5 \cdot 6$

c) $6 \cdot 6$
   $6 \cdot 7$

7 Rechne zuerst die Malaufgabe.

a) $3 \cdot 3 + 3$
   $3 \cdot 3 - 3$

b) $4 \cdot 4 + 4$
   $4 \cdot 4 - 4$

c) $2 \cdot 2 + 2$
   $2 \cdot 2 - 2$

d) $7 \cdot 7 + 7$
   $7 \cdot 7 - 7$

e) $6 \cdot 6 + 6$
   $6 \cdot 6 - 6$

f) $8 \cdot 8 + 8$
   $8 \cdot 8 - 8$

g) $9 \cdot 9 + 9$
   $9 \cdot 9 - 9$

h) $5 \cdot 5 + 5$
   $5 \cdot 5 - 5$

! Quadrataufgaben sind auch **Kernaufgaben**.

Buchbeilagen „Hunderterpunktefeld" und „Büffelhaut" verwenden. Roter Kasten: Wortspeicher nutzen.

1 · 1 = ▨
bellt der Dackel Heinz.

2 · 2 = ▨
pfeift das Murmeltier.

3 · 3 = ▨,
Panda kann sich freu'n.

4 · 4 = ▨,
Grabi kann das
schlecht seh'n.

5 · 5 = ▨,
Jumbo frisst sie
und entspannt sich.

6 · 6 = ▨,
Biene Maja
rechnet fleißig.

7 · 7 = ▨,
das Huhn meint fünfzig,
doch es irrt sich.

8 · 8 = ▨
merkt Piccolo,
der Specht, sich.

9 · 9 = ▨
denkt der Uhu
in der Nacht sich.

10 · 10 = ▨,
nur das Schaf
schaut noch verwundert.

1 a)

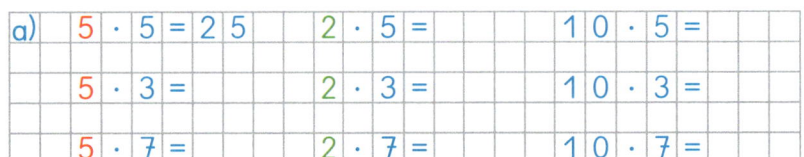

a)	5 · 5 = 2 5	2 · 5 =	1 0 · 5 =
	5 · 3 =	2 · 3 =	1 0 · 3 =
	5 · 7 =	2 · 7 =	1 0 · 7 =

b) (10 | 5 | 2 · 2 | 4 | 6)

c) (10 | 5 | 0 · 10 | 9 | 8)

d) (2 | 10 | 5 · 6 | 10 | 7)

e) (5 | 1 | 10 · 3 | 0 | 4)

2
a) · 5

3	■
10	■
9	■
5	■

b) · 2

4	■
5	■
8	■
2	■

c) · 10

5	■
8	■
7	■
10	■

d) · 5

0	■
2	■
■	20
■	40

e) · 2

■	6
■	8
■	18
■	16

3 Zahlenrätsel. Wie heißt die Zahl?

a) Ich nehme meine Zahl mit 5 mal und erhalte 35.

b) Ich nehme meine Zahl mit 10 mal und erhalte 90.

c) Ich verdopple meine Zahl und erhalte 16.

4
a) 2 · 4 / 2 · 5 / 2 · 6

b) 5 · 2 / 5 · 3 / 5 · 4

c) 10 · 3 / 10 · 4 / 10 · 5

d) 2 · 2 / 3 · 3 / 4 · 4

e) 5 · 10 / 5 · 9 / 5 · 8

f) Zu welcher Aufgabenfolge gehört die Regel?

g) Schreibe die Regel zu einer der anderen Aufgabenfolgen.

Regel: Die erste Zahl bleibt immer gleich.
Die zweite Zahl wird immer um 1 größer.
Das Ergebnis wird immer um 5 größer.

5 Aufgepasst!

a) 10 · 2   b) 8 · 5   c) 5 − 4   d) 10 · 7   e) 9 + 10
     10 − 2   8 + 5   5 + 4   10 − 7   9 · 5
     10 + 2   8 − 5   5 · 4   10 + 7   9 − 5

6 Welches Rechenzeichen passt? ⊙ , ⊕ oder ⊖

a) 6 ◯ 5 = 11   b) 8 ◯ 2 = 16   c) 10 ◯ 10 = 100   d) 9 ◯ 9 = 18
   6 ◯ 5 = 30   8 ◯ 2 = 6   10 ◯ 10 = 20   9 ◯ 9 = 0
   6 ◯ 5 = 1   8 ◯ 2 = 10   10 ◯ 10 = 0   9 ◯ 9 = 81

■ Neues Aufgabenformat „Propeller": Jede Zahl links mit jeder Zahl rechts malnehmen.
■ Starke Aufgaben. Zusätzlich: Gesetzmäßigkeit erkennen und Aufgabenfolge fortsetzen (AB II).

1 a) Max hat zwei Lastwagen und vier
Anhänger. Er hängt jeden Anhänger
einmal an jeden Lastwagen.
Wie viele unterschiedliche
Lastzüge gibt es?
Zeichne alle Möglichkeiten.

b) Schreibe auch die
Malaufgabe auf.

2 Pia möchte mit ihren Plättchen aus Dreiecken und Quadraten Häuser bauen.

a) Wie viele unterschiedliche Häuser aus
einem Quadrat und einem Dreieck gibt es?
Lege alle Möglichkeiten.

b) Wie viele Häuser
mit zwei Stockwerken
gibt es?
Lege und male.

c) Erfinde eigene Hausformen. Wie viele Möglichkeiten gibt es jeweils?

3 a) Lena hat zwei Pullover und drei Hosen.
Sie möchte jeden Tag eine
andere Kombination tragen.
Wie viele Möglichkeiten hat sie?
Zeichne und verbinde.

b) Schreibe auch die Malaufgabe auf.

c) Lena hat zwei Paar Socken. Wie viele
Möglichkeiten zum Kombinieren hat sie jetzt?

4 a) Anna, Sina und Lisa spielen gegen
Ben, Tom und Max Tischtennis.
Jedes Mädchen spielt gegen jeden
Jungen. Wie viele Spiele gibt es?
Schreibe alle Möglichkeiten auf.

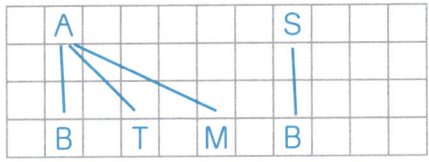

b) Schreibe auch die
Malaufgabe dazu.

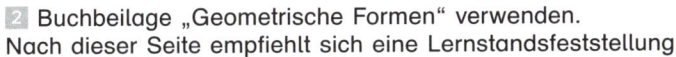

2 Buchbeilage „Geometrische Formen" verwenden.
Nach dieser Seite empfiehlt sich eine Lernstandsfeststellung.

1

Es sind 12 Kinder.　　Immer vier Kinder in einer Gruppe.　　Es sind ■ Gruppen.

12 : 4 = 3　　　　　　12 geteilt durch 4 ist gleich 3

2 Es sind 15 Kinder.

Die Kinder teilen sich auf: immer drei Kinder in eine Gruppe.

1 5 : 3 =　　　　　　Es sind ■ Gruppen.

3 Es sind 20 Kinder.
a) immer vier Kinder in einer Gruppe　　　　b) immer zwei Kinder
c) immer zehn Kinder
d) immer fünf Kinder

a)　2 0 : 4 =　　　　Es sind ■ Gruppen.

4 Es sind 16 Kinder. Zeichne.
a) immer acht Kinder in einer Gruppe　　b) immer vier Kinder in einer Gruppe

20 : 5 = 4　　　　Das ist eine **Geteiltaufgabe**. Wir teilen.
20 geteilt durch 5 ist gleich 4　　: ist das Zeichen für **geteilt durch**.

1 Situationen zum Aufteilen nachspielen, z. B. im Klassenverband oder beim Sportunterricht.
2 bis 4 Geteiltaufgaben zum Aufteilen. Roter Kasten: Wortspeicher nutzen.

1 a)

b)

Es sind 12 Plättchen,
immer drei Plättchen in einer Gruppe.
Es sind ▒ Gruppen.
Geteiltaufgabe: $12 : 3 = $ ▒
Malaufgabe: ▒ $\cdot 3 = 12$

Es sind 12 Plättchen,
immer sechs Plättchen in einer Gruppe.
Es sind ▒ Gruppen.
Geteiltaufgabe: $12 : 6 = $ ▒
Malaufgabe: ▒ $\cdot 6 = 12$

2 Nimm 20 Plättchen. Lege. Schreibe immer die Geteiltaufgabe und Malaufgabe dazu.

a) Ordne die Plättchen wie Zahline.
Wie viele Vierergruppen kannst
du legen?

b) Wie viele Fünfergruppen
kannst du legen?

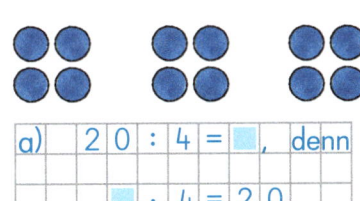

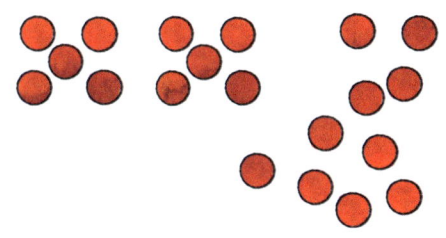

a) $2\,0 : 4 = $ ▒, denn
       ▒ $\cdot 4 = 2\,0$

3 Nimm 24 Plättchen. Lege. Schreibe die Geteiltaufgabe und Malaufgabe dazu.

a) immer sechs in einer Gruppe   b) immer acht in einer Gruppe

c) Welche Gruppen kannst du noch legen?

4 Es sind 18 Plättchen. Male sie in dein Heft. Kreise ein.
Schreibe die Geteiltaufgabe und die Malaufgabe dazu.

a) immer sechs Plättchen in einer Gruppe

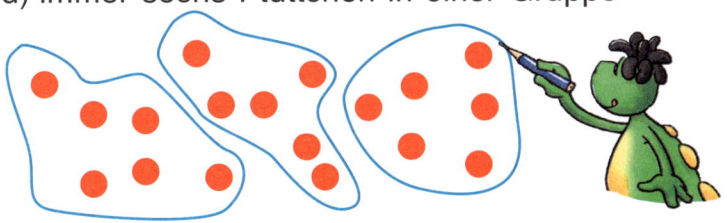

a) $1\,8 : 6 = $ ▒, denn
       ▒ $\cdot 6 = 1\,8$

b) immer zwei Plättchen   c) immer neun Plättchen   d) immer drei Plättchen

5 Lege oder male. Rechne auch die Malaufgabe.
a) $8 : 2$ b) $15 : 5$ c) $9 : 3$ d) $14 : 2$ e) $16 : 4$
   $6 : 3$ $12 : 6$ $12 : 4$ $14 : 7$ $8 : 4$

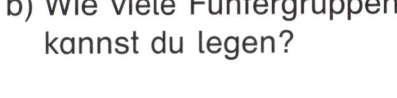

1 bis 5 Aufteilen: Aufgaben handelnd oder zeichnerisch lösen.

Verteilt gerecht!

Einkaufen

10 Würstchen
20 Ballons
25 Sticker
5 Äpfel
15 Mini-Krapfen
30 Murmeln

1 Verteile gerecht an fünf Kinder.

a) 10 Würstchen   b) 20 Ballons
c) 25 Sticker   d) 5 Äpfel
e) 15 Mini-Krapfen   f) 30 Murmeln

a)	F:	Wie viele Würstchen bekommt jedes Kind?
	L:	$10 : 5 = \square$, denn $\square \cdot 5 = 10$
	A:	Jedes Kind bekommt $\square$ Würstchen.

2 Verteile gerecht. Male.
Schreibe die Geteiltaufgabe und die Malaufgabe dazu.

a) 6 Äpfel an drei Kinder
b) 6 Äpfel an zwei Kinder
c) 12 Birnen an drei Kinder
d) 12 Birnen an zwei Kinder
e) 15 Karten an drei Kinder
f) 20 Plättchen an fünf Kinder

a) $6 : 3 = 2$, denn $2 \cdot 3 = 6$

3 Verteile gerecht. Lege oder male.

a) 24 Sticker an 4 Kinder   b) 24 Sticker an 8 Kinder   c) 24 Sticker an 3 Kinder
d) 30 Karten an 5 Kinder   e) 30 Karten an 10 Kinder   f) 30 Karten an 6 Kinder

4 Schreibe selbst weitere Geburtstagsgeschichten.
Verteile gerecht.

5 Wahr (w) oder falsch (f)? In jeder Gruppe sollen gleich viele Plättchen sein.

Ich kann 10 Plättchen auf drei Gruppen verteilen.

Ich kann 14 Plättchen auf zwei Gruppen verteilen.

Ich schaffe es nicht, 20 Plättchen auf drei Gruppen zu verteilen. Aber wenn ich ein Plättchen mehr habe, geht es.

Salim

Lea

Melanie

1 Situationen zum Verteilen nachspielen. **2** bis **5** Geteiltaufgaben zum Verteilen. Aufgaben handelnd oder zeichnerisch lösen.

1   Im Bild kannst du viele Malaufgaben entdecken.
Schreibe zu jeder Malaufgabe auch die Geteiltaufgabe.

a)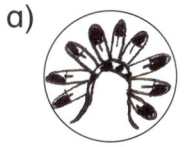

a)
		5	·	9	=	
	4	5	:	9	=	

b)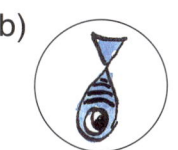

b)
		2	·	5	=	
1	0	:	2	=		

c) 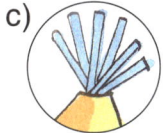   d) 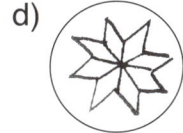   e)    f)    g)

2   Findest du noch weitere Malaufgaben im Bild?
Schreibe immer auch die Geteiltaufgabe dazu.

Nach dieser Seite empfiehlt sich eine Lernstandsfeststellung.

1 Es sind 12 Schuhe. Wie viele Paare sind es?
Zeige am Bild. Decke passend ab.
Schreibe die Geteilt- und die Malaufgabe.

12 : 2 = ▮, denn ▮ · 2 = 12

2 Wie viele Paare sind es? Zeige am Bild.
Schreibe die Geteilt- und die Malaufgabe.
a) 8 Schuhe   b) 2 Schuhe   c) 16 Schuhe
   14 Schuhe   10 Schuhe   18 Schuhe
   6 Schuhe   20 Schuhe   4 Schuhe

a)   8 : 2 = ▮, denn ▮ · 2 = 8
     14 : 2 = ▮, denn ▮ · 2 = 14

3 Rechne. Schreibe in dein Heft.

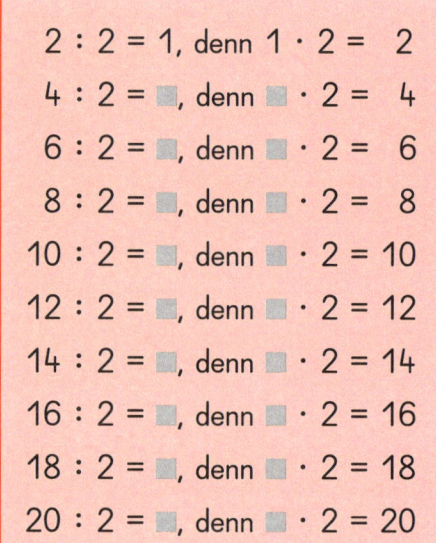

2 : 2 = 1, denn 1 · 2 = 2
4 : 2 = ▮, denn ▮ · 2 = 4
6 : 2 = ▮, denn ▮ · 2 = 6
8 : 2 = ▮, denn ▮ · 2 = 8
10 : 2 = ▮, denn ▮ · 2 = 10
12 : 2 = ▮, denn ▮ · 2 = 12
14 : 2 = ▮, denn ▮ · 2 = 14
16 : 2 = ▮, denn ▮ · 2 = 16
18 : 2 = ▮, denn ▮ · 2 = 18
20 : 2 = ▮, denn ▮ · 2 = 20

4 a)

Schuhe	2	20	10	6	18
Paare	1	▮	▮	▮	▮

b)

Schuhe	14	▮	12	▮	4
Paare	▮	4	▮	8	▮

5 a) 8 : 2 = ▮   b) 20 : 2 = ▮   c) 6 : 2 = ▮   d) 14 : 2 = ▮
     ▮ · 2 = 8   ▮ · 2 = 20   ▮ · 2 = 6   ▮ · 2 = 14

e) 18 : 2 = ▮   f) 4 : 2 = ▮   g) 16 : 2 = ▮   h) 12 : 2 = ▮
   ▮ · 2 = 18   ▮ · 2 = 4   ▮ · 2 = 16   ▮ · 2 = 12

6 In Zweier-Sprüngen vorwärts und rückwärts.
Bei welchen Zahlen landet Zahline?

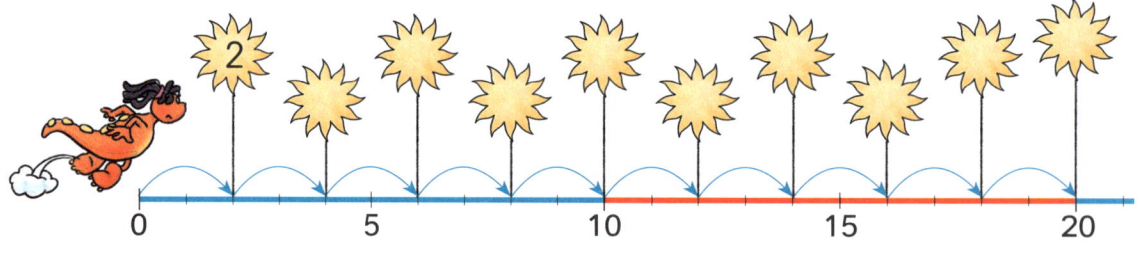

0   5   10   15   20

7 Wie viele Sprünge sind es für Zahline?

a)   6 : 2 = ▮, also ▮ Sprünge

a)    b)  10   c)  14   d)  18   e) 16

   6 : 2   10 : 2   14 : 2   18 : 2   16 : 2

1 Oma schenkt ihren Enkeln Leo und Jana 30 Euro. Sie sollen gerecht teilen. Erzähle.

Teilt gerecht!

30 € : 2 = ■ €

30 € : 2

Leo und Jana müssen einen
10-€-Schein wechseln.

30 € : 2 = 15 €

2 Verteilt den Geldbetrag gerecht an zwei Kinder. Schreibt die Geteiltaufgabe.

a) 50 €   b) 90 €   c) 70 €   d) 28 €   e) 110 €

3 Halbiere die Zahlen. Schreibe die Geteiltaufgabe.

22   26   30   42   48   80   90

4

0 € : 2

Schade!

0 : 2 = 0

5 Welche Zahlen kannst du halbieren? Wie nennt man diese Zahlen?

a) 4   b) 8   c) 16   d) 13   e) 20   f) 25   g) 40

6
a) 16 : 2   b) 4 : 2   c) 12 : 2   d) 8 : 2   e) 20 : 2   f) 40 : 2
   8 : 2   2 : 2   6 : 2   4 : 2   10 : 2   20 : 2

g) Vergleiche die Ergebnisse. Ergänze.
   Regel: Das untere Ergebnis in jedem Päckchen ist immer ▨▨▨▨
   wie das obere Ergebnis.

7 a)

b) **Regel:**
Die Zielzahl ist
immer um ■
▨▨▨▨ als
die Startzahl.

1 und **2** Aufgaben handelnd mit Rechengeld (Buchbeilage) lösen. **6** Starke Aufgaben. Gesetzmäßigkeit erkennen und formulieren. Zusätzlich: Weitere Aufgabenpaare finden. **7** Kreative Aufgaben: Kugelbahn (vgl. S. 53). Zusätzlich: Begriffe *halbieren*, *verdoppeln*, *gerade* und *ungerade* wiederholen und verwenden.

1 Wie viele Kinder sind es? Zeige am Bild. Decke passend ab.

a) 20 Finger   b) 50 Finger   c) 10 Finger

2 Wie viele Kinder sind es?
Schreibe die Geteilt- und die Malaufgabe.
a) 70 Finger   b) 90 Finger   c) 100 Finger
d) 60 Finger   e) 30 Finger   f) 80 Finger

a) 7 0 : 1 0 = ▢ , denn ▢ · 1 0 = 7 0
b) 9 0 : 1 0 = ▢ , denn

3 Rechne. Schreibe in dein Heft.

10 : 10 = 1, denn 1 · 10 = 10
20 : 10 = ▢, denn ▢ · 10 = 20
30 : 10 = ▢, denn ▢ · 10 = 30
40 : 10 = ▢, denn ▢ · 10 = 40
50 : 10 = ▢, denn ▢ · 10 = 50
60 : 10 = ▢, denn ▢ · 10 = 60
70 : 10 = ▢, denn ▢ · 10 = 70
80 : 10 = ▢, denn ▢ · 10 = 80
90 : 10 = ▢, denn ▢ · 10 = 90
100 : 10 = ▢, denn ▢ · 10 = 100

4

Finger	10	30	90	100	40	60	20
Kinder	1	▢	▢	▢	▢	▢	▢

5 a) 70 : 10 = ▢   b) 20 : 10 = ▢
        ▢ · 10 = 70   ▢ · 10 = 20

     c) 50 : 10 = ▢   d) 0 : 10 = ▢
        ▢ · 10 = 50   ▢ · 10 = 0

6 In Zehner-Sprüngen vorwärts und rückwärts. Bei welchen Zahlen landet Zahlix?

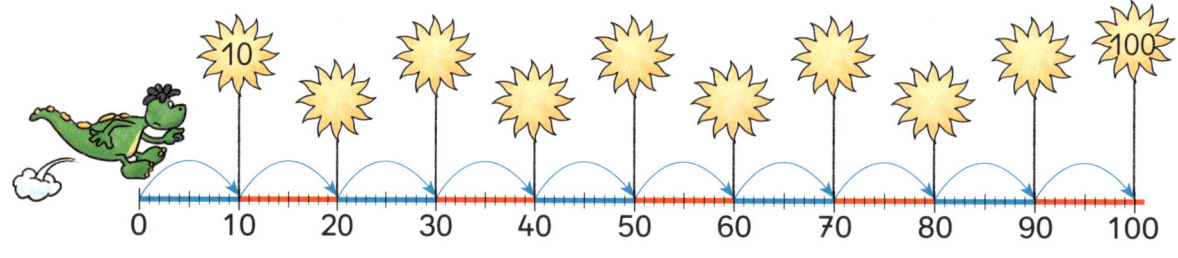

7 Wie viele Sprünge sind es für Zahlix?

a) 5 0 : 1 0 = ▢ , also ▢ Sprünge

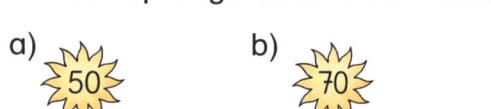

a) 50   b) 70   c) 40   d) 60   e) 90

50 : 10   70 : 10   40 : 10   60 : 10   90 : 10

8 a) : 10 →

100	▢
70	▢
50	▢
80	▢

b) : 10 →

90	▢
30	▢
0	▢
60	▢

c) : 10 →

40	▢
▢	2
▢	6
80	▢

d) : 10 →

50	▢
▢	7
▢	10
10	▢

1 Wie viele Hände sind es? Zeige am Bild. Decke passend ab.
a) 25 Finger   b) 40 Finger   c) 20 Finger   d) 15 Finger

2 Wie viele Hände sind es?
Schreibe die Geteilt- und die Malaufgabe.
a) 5 Finger   b) 30 Finger
c) 15 Finger   d) 25 Finger
e) 45 Finger   f) 50 Finger

3 Rechne. Schreibe in dein Heft.

$5 : 5 = 1$, denn $1 \cdot 5 = 5$
$10 : 5 = \blacksquare$, denn $\blacksquare \cdot 5 = 10$
$15 : 5 = \blacksquare$, denn $\blacksquare \cdot 5 = 15$
$20 : 5 = \blacksquare$, denn $\blacksquare \cdot 5 = 20$
$25 : 5 = \blacksquare$, denn $\blacksquare \cdot 5 = 25$
$30 : 5 = \blacksquare$, denn $\blacksquare \cdot 5 = 30$
$35 : 5 = \blacksquare$, denn $\blacksquare \cdot 5 = 35$
$40 : 5 = \blacksquare$, denn $\blacksquare \cdot 5 = 40$
$45 : 5 = \blacksquare$, denn $\blacksquare \cdot 5 = 45$
$50 : 5 = \blacksquare$, denn $\blacksquare \cdot 5 = 50$

4 a)

Finger	5	15	45	30	20
Hände	1	▦	▦	▦	▦

b)

Finger	25	▦	35	▦	40
Hände	▦	2	▦	10	▦

5 a) $50 : 5 = \blacksquare$ b) $5 : 5 = \blacksquare$
   $\blacksquare \cdot 5 = 50$ $\blacksquare \cdot 5 = 5$

c) $0 : 5 = \blacksquare$ d) $45 : 5 = \blacksquare$
   $\blacksquare \cdot 5 = 0$ $\blacksquare \cdot 5 = 45$

6 In Fünfer-Sprüngen vorwärts und rückwärts. Bei welchen Zahlen landet Zahline?

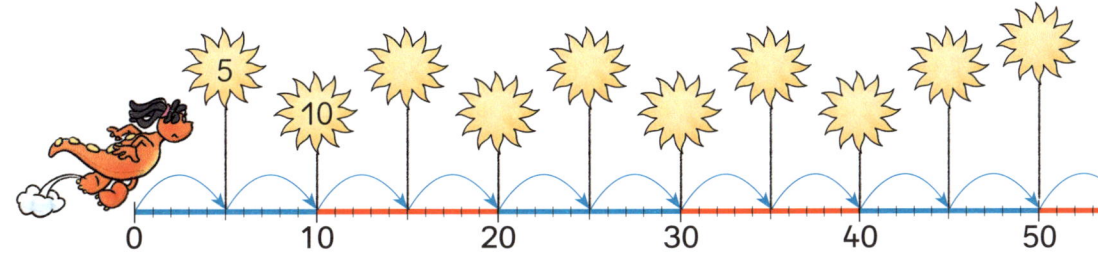

7 Wie viele Sprünge sind es für Zahline?

a) $5 : 5 = \blacksquare$, also $\blacksquare$ Sprünge

a) 5   b) 10   c) 40   d) 35   e) 45

   $5 : 5$ $10 : 5$ $40 : 5$ $35 : 5$ $45 : 5$

8 a) $20 : 10$ b) $30 : 10$ c) $50 : 10$ d) $10 : 10$ e) $60 : 10$
   $20 : 5$ $30 : 5$ $50 : 5$ $10 : 5$ $60 : 5$

f) **Regel:** Das untere Ergebnis in jedem Päckchen ist immer ▦▦▦
   wie das obere Ergebnis.

9 a) $20 : 5$ b) $40 : 5$ c) $50 : 5$ d) $10 : 5$ e) $30 : 5$
   $10 : 5$ $20 : 5$ $25 : 5$ $5 : 5$ $15 : 5$

8 und 9 Starke Aufgaben. Gesetzmäßigkeit erkennen und formulieren.

1 a) Suche Mal- und Geteiltaufgaben, die zusammen gehören.
Schreibe Aufgabe und Umkehraufgabe auf.

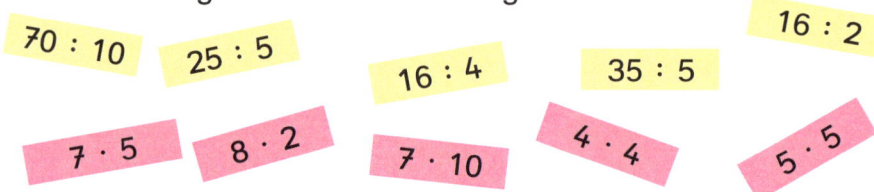

70 : 10   25 : 5   16 : 4   35 : 5   16 : 2
7 · 5   8 · 2   7 · 10   4 · 4   5 · 5

| 7 | 0 | : | 1 | 0 | = | | 7 |
| 7 | · | 1 | 0 | = | 7 | 0 | |

b) Suche selbst Aufgabenpaare wie in Aufgabe 1.

2 Löse die Geteiltaufgabe mit Hilfe der Malaufgabe.
a) 20 : 4   b) 30 : 5   c) 50 : 10   d) 81 : 9   e) 64 : 8
   20 : 5   30 : 3   50 : 5   45 : 9   40 : 8

a) | 2 | 0 | : | 4 | = | 5 |, denn | 5 | · | 4 | = | 2 | 0 |

3 Schreibe Aufgabe und Umkehraufgabe.

a) 80 : 10 = ▦   b) 36 : 6 = ▦   c) 16 : 2 = ▦   d) 30 : 5 = ▦   e) 0 : 10 = ▦
   ▦ · 10 = 80   ▦ · ▦ = ▦   ▦ · ▦ = ▦   ▦ · ▦ = ▦   ▦ · ▦ = ▦

f) 7 · 5 = ▦   g) 4 · 10 = ▦   h) 9 · 2 = ▦   i) 5 · 8 = ▦   j) 10 · 10 = ▦
   ▦ : 5 = 7   ▦ : ▦ = ▦   ▦ : ▦ = ▦   ▦ : ▦ = ▦   ▦ : ▦ = ▦

4 Denke an die Umkehraufgabe und löse die Geteiltaufgabe.
a) 16 : 2   b) 50 : 5   c) 49 : 7   d) 60 : 10
   90 : 10   ⟨ Malaufgabe ▦ · 2 = 16 ⟩   36 : 6   10 : 1   81 : 9
   16 : 4   14 : 2   12 : 2   35 : 5
   25 : 5   70 : 10   64 : 8   20 : 2

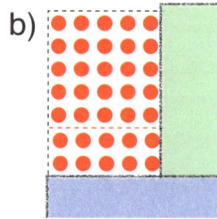

5 Zahlenrätsel. Wie heißt die Zahl? Löse mit Hilfe der Umkehraufgabe.

a) | Wenn ich meine Zahl mit 5 malnehme, erhalte ich 30. |

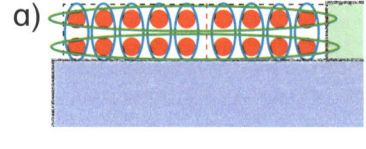

a) ▦ · 5 ⟶ 30, : 5

b) | Wenn ich meine Zahl durch 2 teile, erhalte ich 7. |

6 Finde zu jedem Punktefeld vier Aufgaben.
a)   b)   c)   d)

2 · 9 = ▦   ▦ : 9 = 2
9 · 2 = ▦   ▦ : 2 = 9

7 Zeige eigene Malaufgaben am Punktefeld. Dein Partner nennt alle vier Aufgaben.

Verwandte Aufgaben: 4 · 5 = 20 ← Umkehraufgabe → 20 : 5 = 4
Tauschaufgabe ↕
5 · 4 = 20 ← Umkehraufgabe → 20 : 4 = 5

Roter Kasten: Wortspeicher nutzen.

Malduro

Drei Zahlen im Kopf,
vier Aufgaben
im Bauch:
zwei Malaufgaben,
zwei Geteiltaufgaben.

9 · 5 = 45
5 · 9 = 45
45 : 5 = 9
45 : 9 = 5

1 Wie heißen die vier Aufgaben im Bauch?

a)

b)

2 Hier fehlt eine Zahl im Kopf. Findest du sie? Schreibe auch die vier Aufgaben auf.

a)  b)  c)  d)

3 Hier fehlen sogar zwei Zahlen im Kopf.

a)  b)

4 Das ist ein besonderes Malduro: Es ist kleiner. Wieso?

■ · ■ = ■

■ : ■ = ■

5 Finde passende Zahlen zu den kleinen Malduros. Schreibe die Aufgaben auf.

a)  b)

c) Schreibe noch weitere kleine Malduros.

6 Welches Malduro ist es?

a) Im Mund steht eine Zahl zwischen 25 und 35. Ein Auge ist um 1 größer als das andere.

b) Ein Auge ist doppelt so groß wie das andere. Im Mund steht eine Zahl zwischen 40 und 60.

c) Beide Augen sind gleich. Die Zahl im Mund liegt zwischen 50 und 80.

3 Bei b) gibt es verschiedene Möglichkeiten.

1

17 : 5

Ich baue Fünfer-Türme.

2 Würfel bleiben übrig.

F:	Wie viele Türme baut Jens?
L:	17 : 5 = 3 Rest 2
A:	Jens baut 3 Türme.
	2 Würfel bleiben übrig.

2 Es sind 21 Würfel. Baue Türme. Schreibe eine Geteiltaufgabe.
a) Fünfer-Türme   b) Zehner-Türme   c) Zweier-Türme   d) Vierer-Türme

3 Male 14 Plättchen. Kreise ein. Schreibe dann die Geteiltaufgabe.
a) immer 5   b) immer 6   c) immer 4   d) immer 7

a)   14 : 5 = 2 R 4

4
a) 11 : 2 = ▢ R ▢	b) 12 : 5 = ▢ R ▢	c) 24 : 10 = ▢ R ▢	d) 11 : 3 = ▢ R ▢
15 : 2 = ▢ R ▢	16 : 5 = ▢ R ▢	33 : 10 = ▢ R ▢	18 : 4 = ▢ R ▢
19 : 2 = ▢ R ▢	23 : 5 = ▢ R ▢	45 : 10 = ▢ R ▢	26 : 5 = ▢ R ▢
13 : 2 = ▢ R ▢	34 : 5 = ▢ R ▢	52 : 10 = ▢ R ▢	38 : 6 = ▢ R ▢

5

15 13
25 16
36 20

a) Teile durch 10. Bei welchen Zahlen bleibt kein Rest?
b) Teile durch 5. Bei welchen Zahlen bleibt kein Rest?
c) Teile durch 2. Bei welchen Zahlen bleibt kein Rest?
d) Welche Zahlen sind Quadratzahlen?
   Schreibe die Aufgaben auf.

6
a) 17 : 10
   17 : 2
   17 : 5
   17 : 4

| a) | 17 : 10 = 1 R 7 |
| | 17 : 2 = ▢ R ▢ |

b) 19 : 10
   19 : 5
   19 : 2
   19 : 4

c) 23 : 10
   23 : 2
   23 : 5
   23 : 4

d) 26 : 5
   10 : 3
   39 : 6
   50 : 7

7 Vater hat eine Pizza gebacken und sie in 20 Stücke geschnitten.
Verteilt die Pizza an sechs Kinder und zwei Erwachsene.

1 bis 4 Aufgaben handelnd oder zeichnerisch lösen. 7 Verschiedene Lösungen diskutieren.

1 Welche Aufgabe gehört zu der Rechengeschichte? Ordne zu.

a)
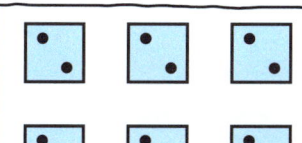

b)

Auf jedes Heft klebt Mara vier Sticker. Sie hat vier Hefte in ihrer Schultasche.

c)

Max kauft für sich und seine vier Freunde je eine Tüte Eis. Er bezahlt zehn Euro.

$6 : 2 = $ ▢ $4 : 4 = $ ▢ $10 € : 5 = $ ▢

$6 \cdot 2 = $ ▢ $4 \cdot 4 = $ ▢ $10 € \cdot 5 = $ ▢

2 Welche Aufgabe gehört zu der Rechengeschichte?

a)

80 Kinder sitzen im Theater. In jeder Reihe haben zehn Kinder Platz.

b)

Immer vier Kinder spielen in Gruppen Quartett. Es sitzen fünf Gruppen zusammen.

c)

25 Kinder sind auf dem Spielplatz. Nach zwei Stunden gehen elf Kinder nach Hause.

$80 - 10 = $ ▢ $5 + 4 = $ ▢ $25 : 11 = $ ▢

$80 : 10 = $ ▢ $5 \cdot 4 = $ ▢ $25 + 11 = $ ▢

$80 + 10 = $ ▢ $5 - 4 = $ ▢ $25 - 11 = $ ▢

3 Welche Aufgabe gehört zu der Skizze?

a)

b)

c)

$50 € - 20 € = $ ▢ $4 : 2 = $ ▢ $9 : 3 = $ ▢

$50 € + 20 € = $ ▢ $2 + 4 = $ ▢ $9 + 3 = $ ▢

$50 € \cdot 20 = $ ▢ $2 \cdot 4 = $ ▢ $9 \cdot 3 = $ ▢

4 Erfindet selbst Rechengeschichten und Skizzen zu den Aufgaben. Vergleicht in der Klasse.

$10 \cdot 2$ $10 : 2$

4 Eigene Rechengeschichten schreiben. Zusätzlich: Rechengeschichten für eine Sachrechenkartei sammeln. Nach dieser Seite empfiehlt sich eine Lernstandsfeststellung.

1 Erzähle zum Bild. Was siehst du? Wie oft findest du diesen Körper?

a) Quader

b) Würfel

c) Zylinder

d) Kugel

e) Kegel

f) Pyramide

g) Prisma

2 Baut selbst aus geometrischen Körpern eine Stadt. Benennt die Körper.

3 Stelle Körper aus Knete her.

4 Können die Körper stehen oder rollen? Ordne zu.

rollt

steht

rollt und steht

1 Gesprächsanlass: Würfel sind Quader. Zusätzlich: Eigene Bauwerke aus Bausteinen erstellen und über die Verwendungsmöglichkeiten der Körper sprechen.

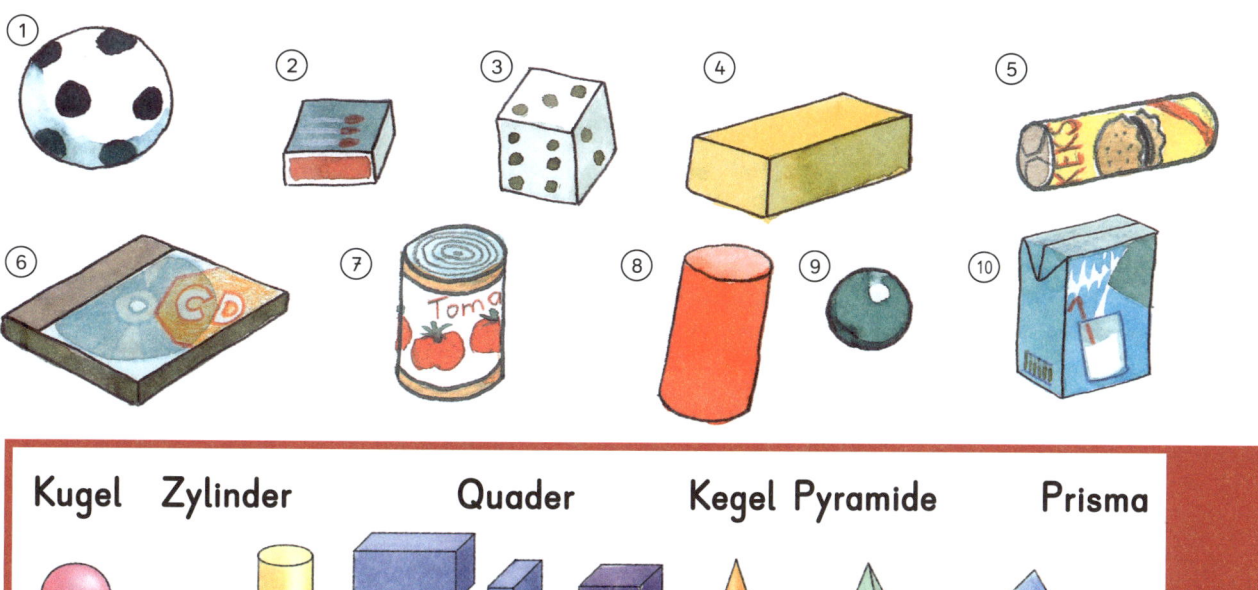

1 Ordnet die Gegenstände aus dem Bild zu.

2 Bringt selbst Gegenstände mit und sortiert sie.

3 Nenne weitere Gegenstände, die aussehen wie ein Quader, wie ein Würfel oder wie eine Kugel. Schreibe sie auf.

4 a) Welche Gegenstände sind Quader? Welche davon sind Würfel?
  b) Welche Gegenstände sind Kugeln?   c) Welche Gegenstände sind Zylinder?

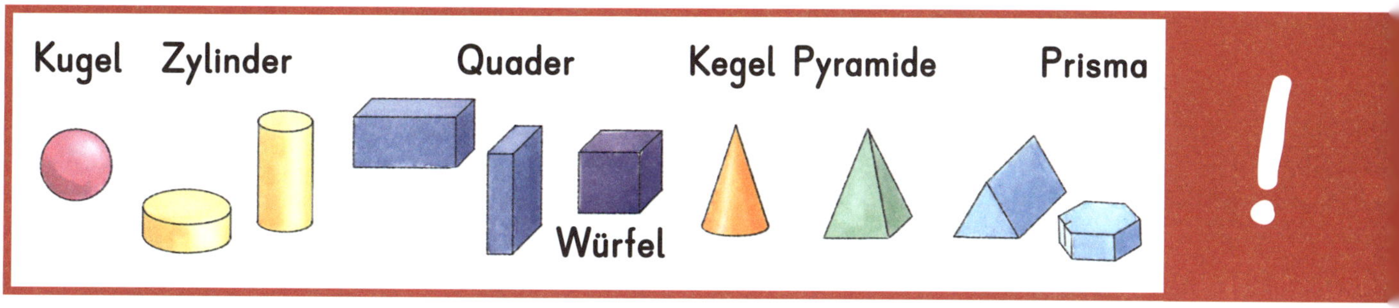

Kugel	Zylinder	Quader	Kegel	Pyramide	Prisma

Würfel

!

1 Gegenstände den Körperformen zuordnen, zu denen sie am besten passen. Zusätzlich: In der Klasse eine eigene Körperausstellung durchführen. Erkennen, dass die meisten Gegenstände keine echten geometrischen Körper sind. Roter Kasten: Wortspeicher nutzen.

1 Zahlix untersucht den Würfel.
Wie heißen die Teile des Würfels, die er färbt?

Ich bin ein Würfel. Ich habe ☐ **Kanten**. Alle sind gleich lang. Ich habe ☐ **Seitenflächen**. Ihre Form ist ein Quadrat. Ich habe 8 **Ecken**.

Ecken   Kanten   Seitenflächen

2 Wie viele Ecken hat ein Quader? Wie viele Kanten? Wie viele Seitenflächen?

  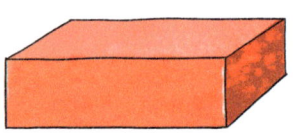

3 Untersuche die Körper.

Körper	Ecken	Kanten	Seitenflächen
Würfel	☐	☐	☐
Quader	☐	☐	☐
Kugel	☐	☐	☐
Zylinder	☐	☐	☐
Kegel	☐	☐	☐
Pyramide	☐	☐	☐

Wie viele Ecken?
Wie viele Kanten?
Wie viele Flächen?

4 Körperrätsel. Welche Körper können es sein?

a) Meine Kanten sind alle gleich lang.

b) Ich kann rollen und stehen.

c) Ich habe 5 Ecken und 8 Kanten.

d) Alle meine Seitenflächen sind Rechtecke.

5 Schreibe eigene Körperrätsel wie in Aufgabe 4. Dein Partner löst sie.

6 Bei welchen dieser Körper erhältst du durch Umfahren einer Seitenfläche diese Form?
a) ein Rechteck   b) ein Quadrat   c) ein Dreieck   d) einen Kreis

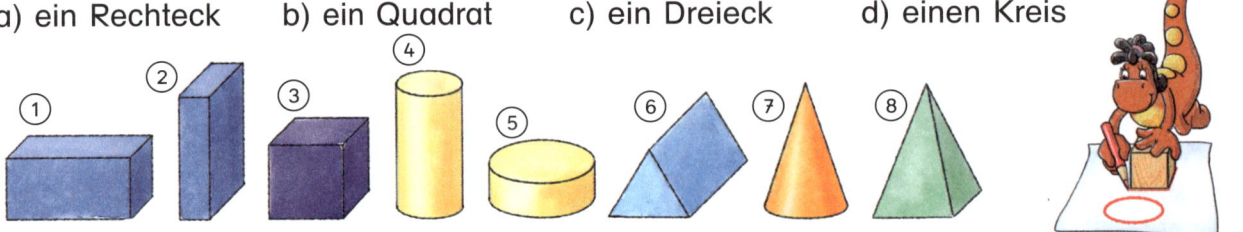

7 Wahr oder falsch?

a) Jeder Quader ist ein Prisma.

b) Jede Pyramide ist ein Prisma.

c) Jedes Prisma hat eine dreieckige Seitenfläche.

d) Es gibt Prismen mit einer dreieckigen Seitenfläche.

1 Wie viele Quader siehst du? Wie viele davon sind Würfel?

a)

b)

a)	8 Quader,
	davon 3 Würfel

c)

d)

e)

2

Ich bin ein Quader. Mich kann man hinlegen, dann bin ich flach, oder hinstellen, dann bin ich hoch.

Wir sind **Quader**.

Ich bin auch ein Quader, aber ein besonderer. Ich bin ein Würfel.

3 Was stimmt nicht? Sprecht über die Aussagen. Schreibt den Steckbrief richtig auf.

a)

Ich habe 16 Ecken, nämlich 4 unten, 4 oben, 4 vorne, 4 hinten.

b)

Ich habe 8 Ecken. In jeder Ecke kommen 3 Kanten zusammen. $8 \cdot 3 = 24$ Also habe ich 24 Kanten.

c)

Ich habe 12 Kanten. Immer 2 Seitenflächen bilden eine Kante. $12 \cdot 2 = 24$ Also habe ich 24 Seitenflächen.

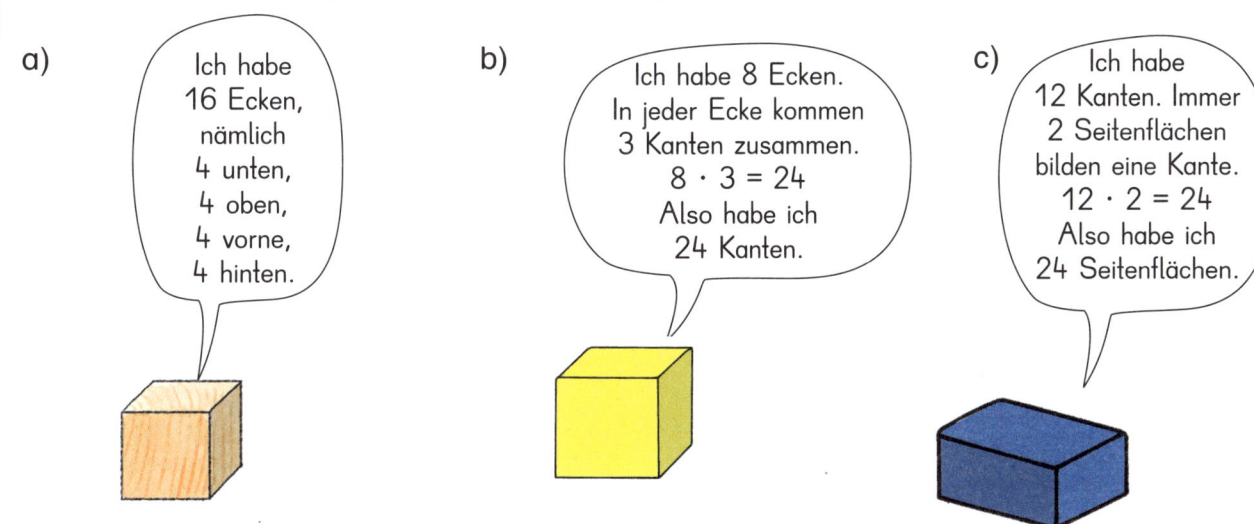

Der **Würfel** hat 12 gleich lange Kanten, 8 Ecken und 6 Seitenflächen. Alle Seitenflächen sind Quadrate.

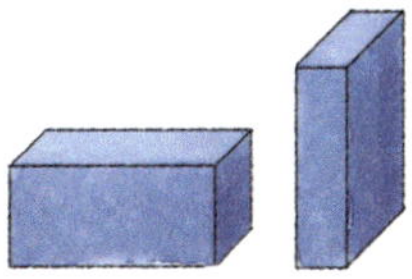

Der **Quader** hat 12 Kanten, 8 Ecken und 6 Seitenflächen. Alle Seitenflächen sind Rechtecke.

■ und ■ Würfel als besonderen Quader erkennen. ■ Plausibilitätsprüfung. Roter Kasten: Wortspeicher nutzen. Nach dieser Seite empfiehlt sich eine Lernstandsfeststellung.

1
a) 5 · 7   b) 7 · 7   c) 6 · 5
    4 · 5   2 · 9   8 · 8
   10 · 9   8 · 5   7 · 2
    4 · 4   6 · 6   9 · 9

14 16 18 20 30 35 36 40 49 52 64 81 90

2 Welche Zahlen sind
Quadratzahlen?
Schreibe die Malaufgabe dazu.
a) 16, 33, 36, 44, 64, 100
b) 11, 25, 30, 40, 49, 81

3
a) 90 : 10   b) 81 : 9   c) 36 : 6
   49 : 7   15 : 5   4 : 4
   16 : 4   40 : 5   20 : 2
    0 : 5   16 : 2   25 : 5

0 1 3 4 5 6 7 7 8 8 9 9 10

4 Tina möchte an ihrem Geburtstag
30 Sticker an fünf Kinder gerecht
verteilen.
Wie viele Sticker bekommt jedes Kind?

5 In der Klasse 2a sind 21 Kinder.
Sie sollen sich auf zwei Gruppen
aufteilen.

6 Theo geht mit drei Freunden in den
Zirkus. Eine Eintrittskarte kostet 10 €.
Wie viel Euro kostet der Eintritt
für alle zusammen?

7 Welche Körper sind es? Ordne zu.
Bei manchen Körpern musst du mehrere Nummern aufschreiben.

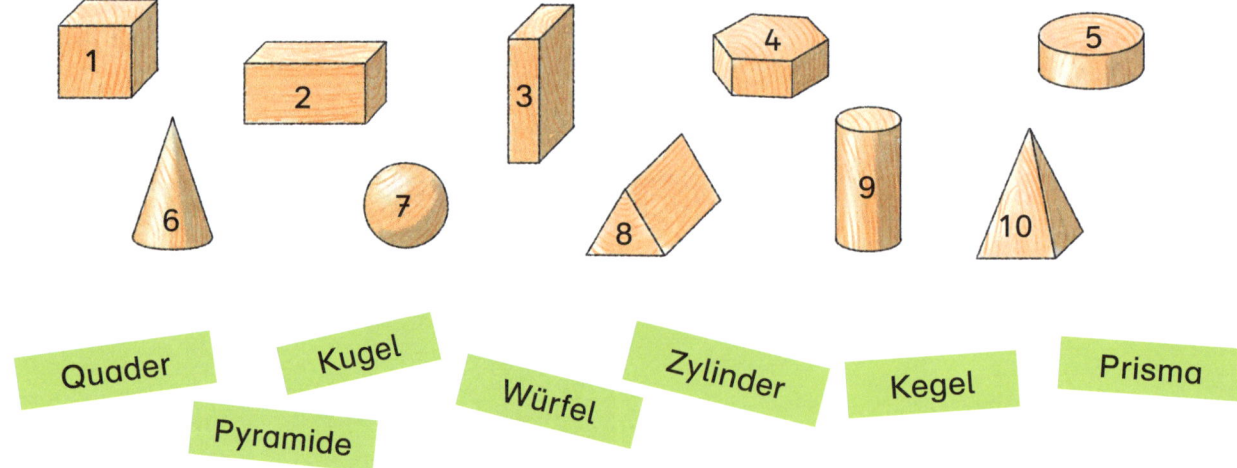

Quader   Kugel   Zylinder   Kegel   Prisma   Würfel   Pyramide

8 Setze fort. Schreibe die Körpernamen auf. Schreibe so: a) Pyramide, Kugel, ...

a)

b)

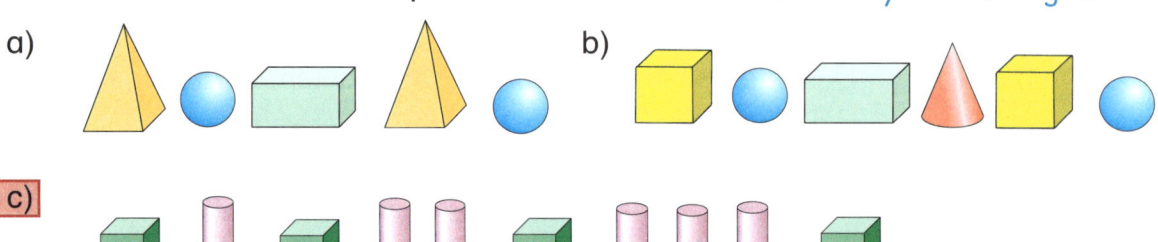

c)

8 Eventuell bei der Notation statt der vollständigen Körpernamen nur Abkürzungen verwenden.

1

ABC

a) 40 : 10 = ▢▢
42 + 6 = ▢▢
0 : 5 = ▢▢
49 − 15 = ▢▢
6 · 6 = ▢▢

b) 100 − 12 = ▢▢
25 : 5 = ▢▢
60 − 6 = ▢▢
7 · 5 = ▢▢
58 + 16 = ▢▢
6 · 6 = ▢▢

c) 49 − 12 = ▢▢
7 · 10 = ▢▢
5 · 5 = ▢▢
50 : 10 = ▢▢
17 + 4 = ▢▢
9 · 5 = ▢▢
17 + 17 = ▢▢
100 − 64 = ▢▢

d) 10 : 2 = ▢▢
12 : 2 = ▢▢
2 · 6 = ▢▢
100 − 26 = ▢▢
69 + 3 = ▢▢
1 · 5 = ▢▢

e) 2 · 7 = ▢▢
25 : 5 = ▢▢
90 − 32 = ▢▢
58 + 21 = ▢▢

Die Indianer a) ▬▬▬▬▬ heute in Reservaten. Sie wohnen nicht mehr in b) ▬▬▬▬, sondern in Häusern.

Viele Indianer c) ▬▬▬▬▬ noch ihre d) ▬▬▬▬▬ Sprache.

Sie sind e) ▬▬▬▬ geschickt und können schönen Schmuck herstellen.

2 a) b) c) d)

3 Welches Malduro ist es?
Beide Augen sind gleich.
Im Mund steht eine Zahl zwischen 30 und 40.

4 a)
```
3 · 5
4 · 5
5 · 5
```
b)
```
9 · 9
8 · 8
7 · 7
```

c) Schreibe die Regel zu der Aufgabenfolge a).

5

28
▢
45
▢

▢ + ▢ = 58
▢ + ▢ = 73
▢ + 45 = 75
▢ + ▢ = 76
▢ + ▢ = 78
▢ + ▢ = 93

6

27
▢
▢
56

▢ + ▢ = 62
▢ + ▢ = 71
▢ + ▢ = 79
▢ + ▢ = 83
▢ + ▢ = 91
▢ + ▢ = 100

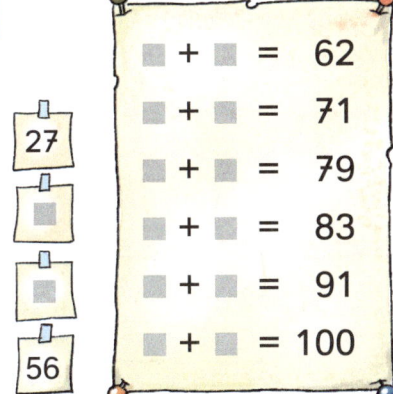

1 Zahlen-ABC: Rechnen, dann zu den Ergebnissen passende Buchstaben im Zahlen-ABC (S. 136) suchen und Lösungswörter im Heft notieren. **5** und **6** Kreative Aufgaben: Sechser-Pack (vgl. S. 47).

1

2 Wer die Kernaufgabe kennt, kann auch ihre Nachbaraufgabe ausrechnen.

a)

b)

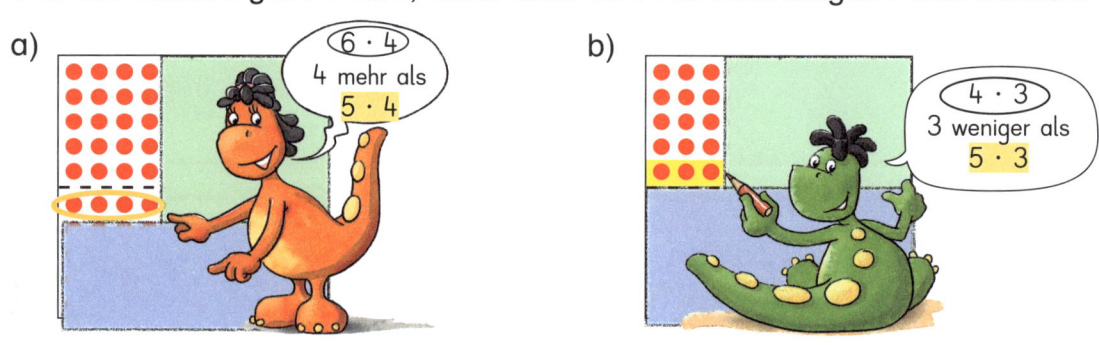

3 Zeige am Punktefeld. Löse zuerst die Kernaufgabe, dann die Nachbaraufgaben.

a) 4 · 9	b) 4 · 8	c) 4 · 3	d) 4 · 7	e) 4 · 6	f) 4 · 4
5 · 9	5 · 8	5 · 3	5 · 7	5 · 6	5 · 4
6 · 9	6 · 8	6 · 3	6 · 7	6 · 6	6 · 4

4

a) 9 · 3	b) 9 · 7	c) 9 · 6	d) 9 · 4	e) 9 · 5	f) 9 · 8
10 · 3	10 · 7	10 · 6	10 · 4	10 · 5	10 · 8
11 · 3	11 · 7	11 · 6	11 · 4	11 · 5	11 · 8

5 Von der Kernaufgabe zur Nachbaraufgabe und dann weiter.

a) 2 · 6	b) 2 · 7	c) 2 · 8	d) 5 · 8	e) 2 · 9	f) 5 · 9
3 · 6	3 · 7	3 · 8	6 · 8	3 · 9	6 · 9
4 · 6	4 · 7	4 · 8	7 · 8	4 · 9	7 · 9

6 a) b)

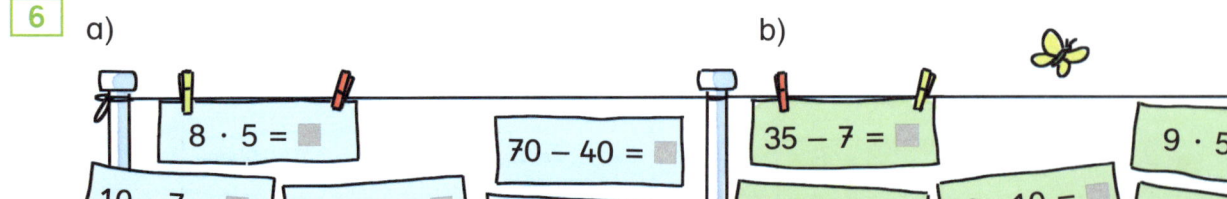

Buchbeilage „Hunderterpunktefeld" verwenden. **1** Rechenkonferenz: Erklären, wie die Kinder gerechnet haben, Wege vergleichen und bewerten. **6** Übungsformat „Wäscheleine" (vgl. S. 43).

1 Zeige am Punktefeld. Wie heißt die Aufgabe?

a) $7 \cdot 4$

$5 \cdot 4$

$+\ 2 \cdot 4$

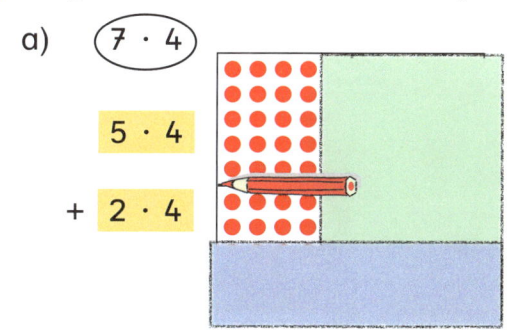

b) $7 \cdot 3$

$5 \cdot 3$

$+\ 2 \cdot 3$

$7 \cdot 4 = 5 \cdot 4 + 2 \cdot 4$
$7 \cdot 4 = 20 + 8 = \blacksquare$

$7 \cdot 3 = 5 \cdot 3 + \blacksquare \cdot 3$
$7 \cdot 3 = \blacksquare + \blacksquare = \blacksquare$

2 Zeige am Punktefeld und rechne wie in Aufgabe 1.

a) $7 \cdot 8 = 5 \cdot 8 + 2 \cdot 8$
$7 \cdot 8 = \blacksquare + \blacksquare = \blacksquare$

b) $7 \cdot 6 = 5 \cdot 6 + 2 \cdot 6$
$7 \cdot 6 = \blacksquare + \blacksquare = \blacksquare$

3 Zeige am Punktefeld. Wie heißt die Aufgabe?

a) $9 \cdot 8$

$10 \cdot 8$

$-\ 1 \cdot 8$

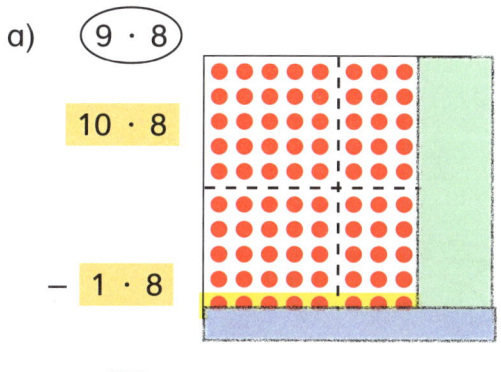

b) $8 \cdot 4$

$10 \cdot 4$

$-\ 2 \cdot 4$

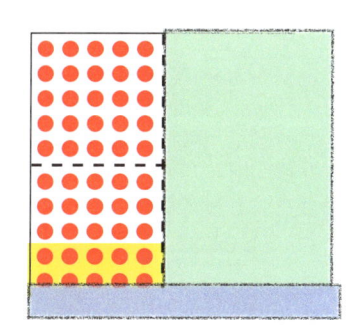

$9 \cdot 8 = 10 \cdot 8 - 1 \cdot 8$
$9 \cdot 8 = 80 - 8 = \blacksquare$

$8 \cdot 4 = 10 \cdot 4 - 2 \cdot 4$
$8 \cdot 4 = \blacksquare - \blacksquare = \blacksquare$

4 Zeige am Punktefeld und rechne wie in Aufgabe 3.

a) $9 \cdot 3 = 10 \cdot 3 - 1 \cdot 3$
$9 \cdot 3 = \blacksquare - \blacksquare = \blacksquare$

b) $8 \cdot 6 = 10 \cdot 6 - 2 \cdot 6$
$8 \cdot 6 = \blacksquare - \blacksquare = \blacksquare$

5 Überlege, welche Aufgabe dir jeweils hilft. Schreibe sie dazu.

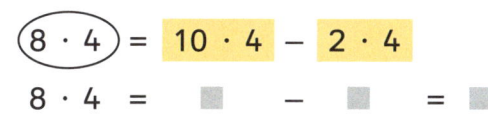

a) $9 \cdot 4$　　b) $6 \cdot 4$　　c) $6 \cdot 9$　　d) $8 \cdot 7$　　e) $8 \cdot 6$
f) $7 \cdot 4$　　g) $8 \cdot 4$　　h) $7 \cdot 6$　　i) $8 \cdot 3$　　j) $9 \cdot 8$

$9 \cdot 4 = 10 \cdot 4 - 1 \cdot 4$

6 Rechne zuerst die Malaufgabe. Was fällt dir auf?

$1 \cdot 9 + 1$　　　$4 \cdot 9 + 4$　　　$7 \cdot 9 + 7$
$2 \cdot 9 + 2$　　　$5 \cdot 9 + 5$　　　$\blacksquare \cdot \blacksquare + 8$
$3 \cdot 9 + 3$　　　$6 \cdot 9 + 6$　　　$\blacksquare \cdot \blacksquare + 9$

Buchbeilage „Hunderterpunktefeld" verwenden.

1

2 Hier siehst du andere Ausschnitte. Wie rechnest du?

a) (4 · 3) -- 5 · 3 -- (6 · 3) --- (7 · 3)

c) 2 · 6

d) 2 · 3

b) (4 · 8) -- 5 · 8 -- (6 · 8) --- (7 · 8)

4 · 6

4 · 3

3 Rechne. Wie löst du diese Aufgaben? Erkläre.

a) 3 · 2	b) 6 · 4	c) 5 · 7	d) 4 · 4	e) 2 · 7	f) 8 · 2
3 · 5	6 · 5	4 · 7	4 · 8	3 · 7	8 · 3
3 · 3	6 · 6	9 · 7	4 · 9	6 · 7	8 · 6

4 Setze Malaufgaben zusammen.

a) (6 · 4) = 5 · 4 + 1 · 4

6 · 4 = ▨ + ▨ = ▨

b) (8 · 6) = 6 · 6 + ▨ · 6

8 · 6 = ▨ + ▨ = ▨

5 a) (▨ · ▨) = 5 · 9 + 1 · 9

▨ · ▨ = ▨ + ▨ = ▨

b) (▨ · ▨) = 2 · 7 + 2 · 7

▨ · ▨ = ▨ + ▨ = ▨

6

a) 35 + 14	b) 40 + 16	c) 81 − 18	d) 60 − 12
64 + 16	36 + 36	49 − 35	35 − 21
45 + 36	25 + 15	64 − 24	40 − 32

Buchbeilagen „Hunderterpunktefeld" und „Büffelhaut" verwenden. 6 Wiederholung.

1 Wie viele Wochen waren die Indianer an diesem Ort?

2 Am Wasserfall wollen die Indianer nur 14 Tage bleiben. Wie viele Wochen sind das?

3 In jedem Tipi wohnt eine Familie.
a) Wie viele Tipis müssen abgebaut werden?
b) Wie viele Stangen müssen verpackt werden?

4 In jedem Tipi liegen drei Felle. Wie viele Felle müssen zusammengerollt werden?

5 Jede Familie hat zwei Kochtöpfe. „Adlerauge" packt die Töpfe ein.

6 Ein Pferd hat zwei Vorder- und zwei Hinterbeine, zwei linke und zwei rechte Beine. Wie viele Beine hat es zusammen?

8 „Büffeljäger" kümmert sich um die Pferde.
a) Jedes Pferd erhält einen neuen Gurt. Wie viele Gurte werden benötigt?
b) Wie viele Pferde müssen noch eingefangen werden?
c) Jedes Pferd bekommt zwei neue Decken.

9 „Kleiner Häuptling" kümmert sich um die Hunde.
a) Wie viele Hunde gehören zum Stamm?
b) Jeder Hund bekommt ein neues Halsband. Für ein Band braucht man drei Fäden.

7 „Schöne Blume" packt vier Kisten mit Fellen und Bändern.
a) Die Zwillinge „Schneller Pfeil" und „Adlerauge" packen doppelt so viele Kisten.
b) Die Pferde können 14 Kisten tragen. Reicht das?

1 bis **9** Bei manchen Aufgaben sind die Angaben dem Bild zu entnehmen.
Achtung: Eine Aufgabe ist eine „Scherzaufgabe".

1

Malifant

·	2	10	
5	10	50	60
2	4	20	24
	14	70	84

Erst die Mitte: $5 \cdot 2 = 10$ $5 \cdot 10 = 50$
Malaufgaben $2 \cdot 2 = 4$ $2 \cdot 10 = 20$
lösen

Dann den Rand: $10 + 50 = 60$ $10 + 4 = 14$
Plusaufgaben $4 + 20 = 24$ $50 + 20 = 70$
lösen

Fußzahl testen: $60 + 24 = 84$ $14 + 70 = 84$

2

a)

·	2	5	
8	☐	☐	☐
4	☐	☐	☐
	☐	☐	☐

b)

·	10	2	
3	☐	☐	☐
6	☐	☐	☐
	☐	☐	☐

c)

·	5	1	
9	☐	☐	☐
7	☐	☐	☐
	☐	☐	☐

3

a)

·	☐	10	
2	4	☐	☐
5	☐	☐	☐
	☐	☐	☐

b)

·	4	☐	
4	☐	☐	☐
10	☐	50	☐
	☐	☐	☐

c)

·	4	☐	
3	☐	☐	☐
5	☐	30	☐
	☐	☐	☐

4

a)

·	8	☐	
3	☐	6	☐
6	☐	☐	☐
	☐	☐	☐

b)

·	☐	3	
5	☐	☐	☐
4	40	☐	☐
	☐	☐	☐

c)

·	6	☐	
2	☐	☐	☐
5	☐	20	☐
	☐	☐	☐

5 F

a)

·	☐	☐	
	9	☐	24
2	☐	☐	☐
	☐	☐	☐

b)

·	☐	5	
10	☐	☐	☐
	16	☐	☐
	56	☐	☐

c)

·	☐	5	
3	☐	☐	☐
	☐	25	40
	☐	☐	☐

1 bis 5 Malifant: Aufgaben mit der Möglichkeit natürlicher Differenzierung zum Ausbau aller Niveaustufen.
1 Übungsformat Malifant kennen lernen. 2 bis 5 Malifanten ausfüllen. Zusammenhänge nutzen.

1 Rechne in einer Tabelle.

a) START · 2 + 2 : 2

b) START · 5 + 5 : 5

c) START · 10 + 10 : 10

d) Vergleiche Startzahl und Zielzahl.
Die Zielzahl ist immer ▭ als die Startzahl.

2

a) START · 2 − 6 : 2

b) START · 5 − 20 : 5

c) START · 10 − 20 : 10

d) Vergleiche Startzahl und Zielzahl. Zu welcher Kugelbahn passt die Regel?
Regel A: Die Zielzahl ist immer um 2 kleiner als die Startzahl.
Regel B: Die Zielzahl ist immer um 3 kleiner als die Startzahl.
Regel C: Die Zielzahl ist immer um 4 kleiner als die Startzahl.

3

Wie heißen die Startzahlen?

START · 2 : 10 · 5

Zielzahlen
10
5
0
15

4 Rechne. Was fällt dir auf?
a) 80 : 8   b) 60 : 6   c) 90 : 9   d) 70 : 7   e) 50 : 5
   40 : 8   30 : 6   45 : 9   35 : 7   25 : 5

5 Rechne. Was fällt dir auf?
a) 30 : ▭ = 3   b) 16 : ▭ = 4   c) 40 : ▭ = 5   d) 30 : ▭ = 5
   30 : ▭ = 6   16 : ▭ = 8   40 : ▭ = 10   30 : ▭ = 10

6 Rechne. Was fällt dir auf?
a) 10 · 6   b) 10 · 3   c) 10 · 5   d) 10 · 7   e) 10 · 8
   5 · 6   5 · 3   5 · 5   5 · 7   5 · 8

f) In jedem Päckchen ist das zweite Ergebnis immer ▭
des ersten Ergebnisses.

1 bis **3** Kugelbahn: Aufgaben mit der Möglichkeit natürlicher Differenzierung zum Ausbau aller Niveaustufen (vgl. S. 53). **4** bis **6** Wiederholung Kernaufgaben: Starke Aufgaben: Gesetzmäßigkeit erkennen und nutzen. Regeln formulieren.

1 Wie viel Uhr ist es? Schreibe beide Möglichkeiten auf.

a)
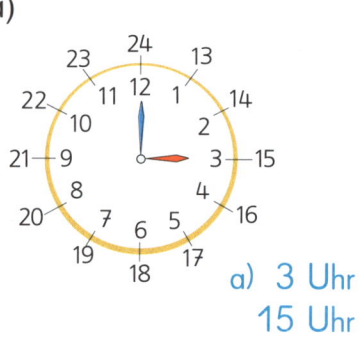
a) 3 Uhr
   15 Uhr

b) 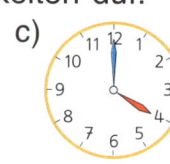   c) 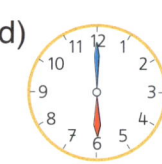   d)    e)

f)    g)   h)   i)

2 Erzähle zu den Bildern. Lies die Uhrzeiten.

a)

am Vormittag
halb 10   9.30 Uhr

b)

am Nachmittag
halb 4   15.30 Uhr

3 Was macht Leon gerade? Ist es am Vormittag, am Mittag, am Nachmittag oder am Abend? Wie viel Uhr ist es? Schreibe wie in Aufgabe 2.

a)

b)

c)

4 Wie viel Uhr ist es? Schreibe immer drei Möglichkeiten auf.

a) 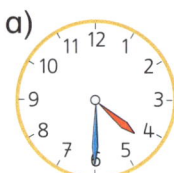   b) 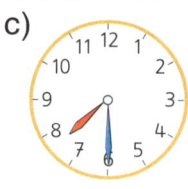   c)    d) 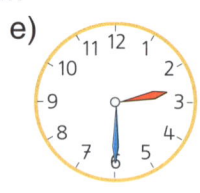   e) 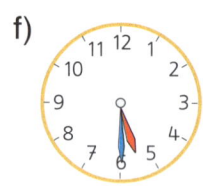   f)

5 Stelle auf deiner Lernuhr Uhrzeiten ein. Dein Partner liest sie ab.

a) 12.30 Uhr   b) 9.30 Uhr   c) 11.00 Uhr   d) 5.30 Uhr   e) 20.30 Uhr

---

!

7.30 Uhr

19.30 Uhr

halb 8

1 **Tag** hat 24 Stunden.

1 **Stunde** hat 60 Minuten.

1 **halbe Stunde** hat 30 Minuten.

1 Tag = 24 h

1 h = 60 min

Roter Kasten: Wortspeicher nutzen.

1 Wie viel Uhr ist es? Schreibe beide Möglichkeiten auf.

a)   b)   c)   d)   e)

11.15 Uhr | _____ Uhr | 2.45 Uhr | _____ Uhr | _____ Uhr
23.15 Uhr | _____ Uhr | _____ Uhr | _____ Uhr | _____ Uhr

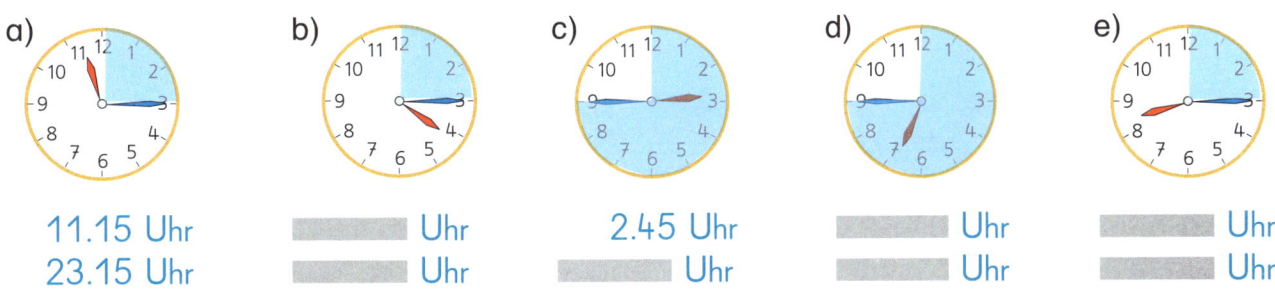

1.15 Uhr

13.15 Uhr

Viertel nach 1 oder **viertel 2**

!

2 Wie viel Uhr ist es? Schreibe immer drei Möglichkeiten auf.

a)  b) 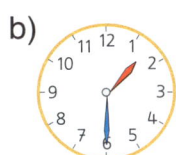 c) 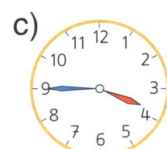 d)  e) 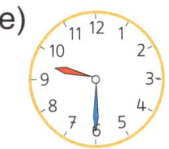 f)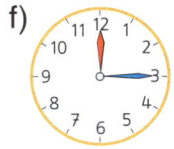

3 Stelle auf deiner Lernuhr ein. Schreibe immer drei Möglichkeiten auf.

a)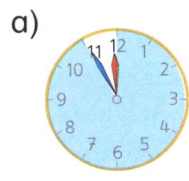
fünf vor 12
11.55 Uhr
_____ Uhr

b)
zehn nach 12
_____ Uhr
_____ Uhr

10 Minuten nach 12

4 Wie viel Uhr ist es? Schreibe immer drei Möglichkeiten auf.

a) 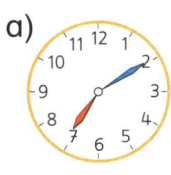 b) 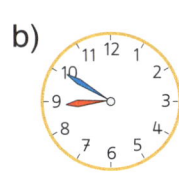 c) 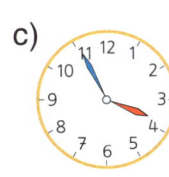 d) 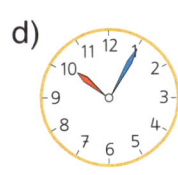 e) 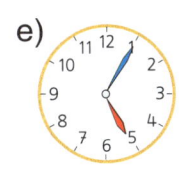 f)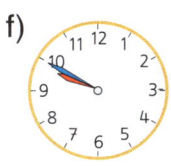

5 Stelle auf deiner Lernuhr ein. Schreibe immer drei Möglichkeiten auf.
   a) 12.15 Uhr   b) 19.15 Uhr   c) 7.45 Uhr   d) 17.45 Uhr
   e) fünf vor 11   f) zehn nach 9   g) zwanzig nach 2 h) fünf vor 7

6 Nenne eine Uhrzeit. Dein Partner stellt sie auf der Lernuhr ein. Kontrolliere.

7 Immer zwei Kärtchen passen zusammen. Schreibe auf.

| zehn vor 1 | 16.20 Uhr | 7.55 Uhr | zehn vor 11 | 12.50 Uhr |

| 10.50 Uhr | fünf nach 7 | zwanzig nach 4 | 7.05 Uhr | fünf vor 8 |

Roter Kasten: Wortspeicher nutzen. **1** bis **6** Sprechgewohnheit der jeweiligen Region verwenden, z. B. für 7.15 Uhr „*Viertel nach 7*" oder „*viertel 8*" bzw. für 6.45 Uhr „*Viertel vor 7*" oder „*dreiviertel 7*".

Zeitspannen schätzen

AH S. 58

1 a) Was dauert länger? Schätzt.
b) Welche Einheit passt: Stunde (h) oder Minute (min)?

A 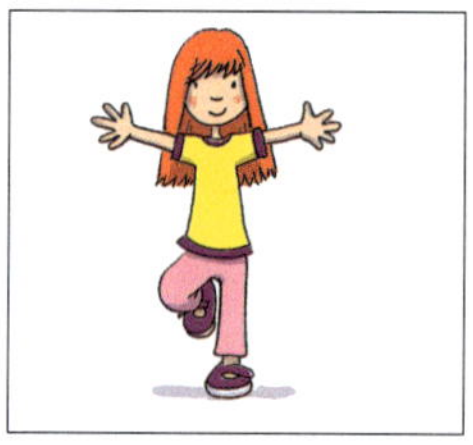

B 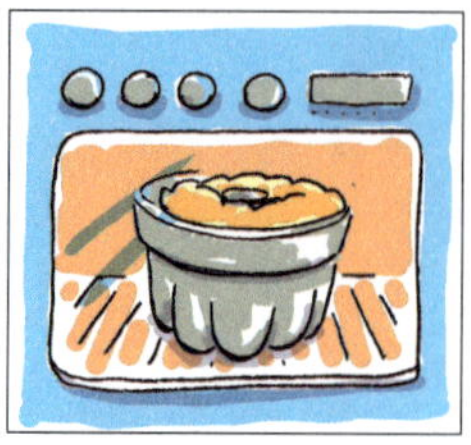

C 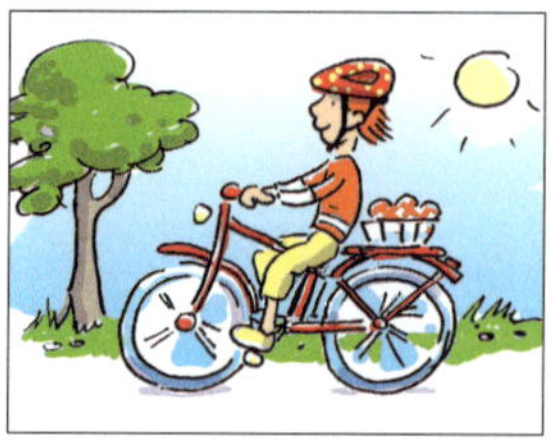

D 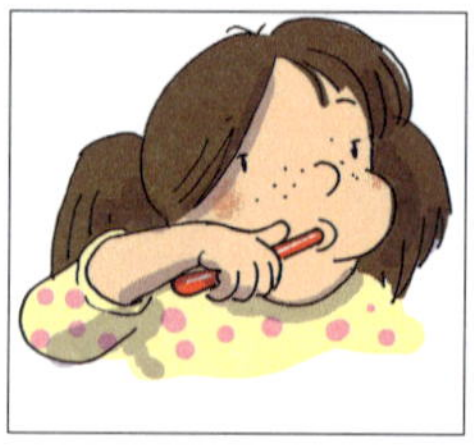

2 a) Findet eigene Tätigkeiten, die etwa eine Minute dauern.
b) Findet eigene Tätigkeiten, die etwa eine Stunde dauern.

3 Welche Einheit passt: Stunden (h) oder Minuten (min)? Überlegt gemeinsam.

a) die Tafel putzen: 2 ▢
b) eine Geschichte schreiben: 1 ▢
c) ein Schulvormittag: 5 ▢
d) eine Sportstunde: 45 ▢

4 Kann das sein?

a) 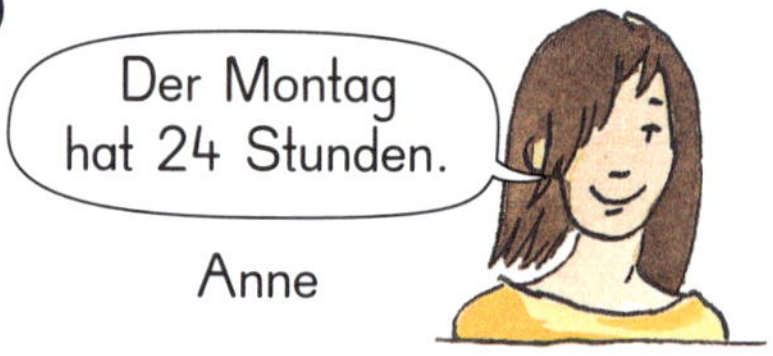
Der Montag hat 24 Stunden.
Anne

b) 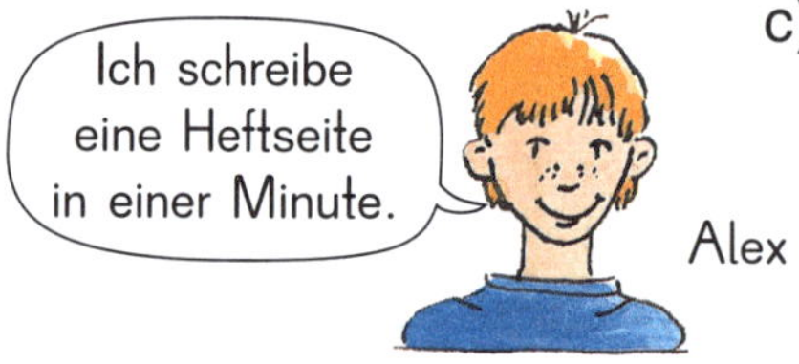
Ich schreibe eine Heftseite in einer Minute.
Alex

c) 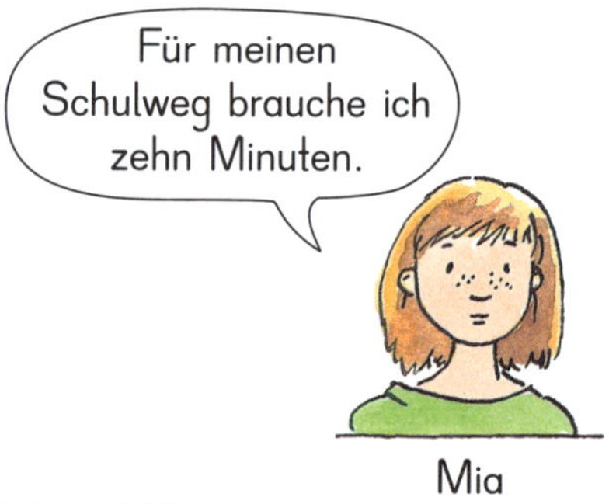
Für meinen Schulweg brauche ich zehn Minuten.
Mia

d) 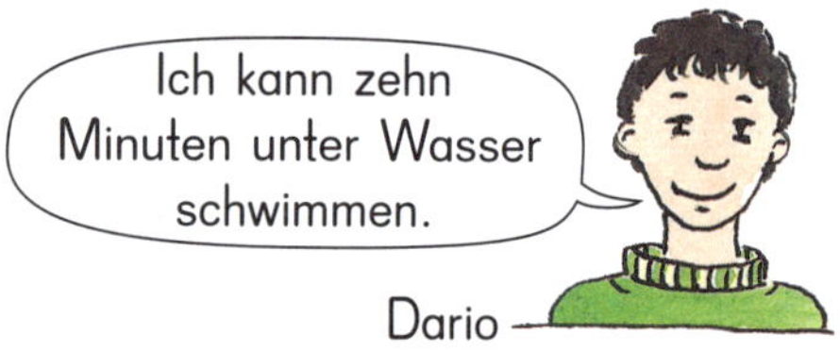
Ich kann zehn Minuten unter Wasser schwimmen.
Dario

e) 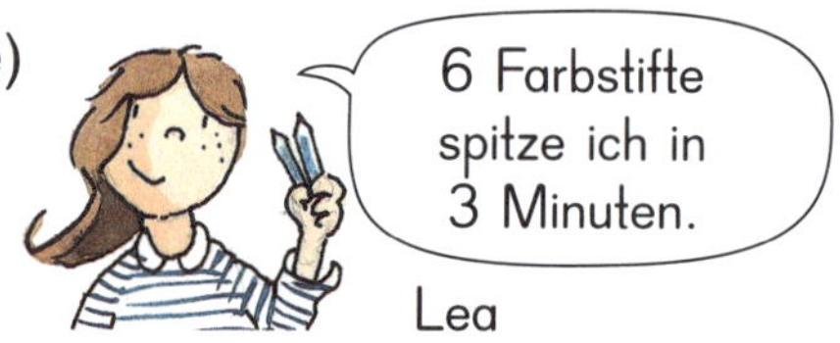
6 Farbstifte spitze ich in 3 Minuten.
Lea

5 Was passt zusammen? Überlege mit deinem Partner.

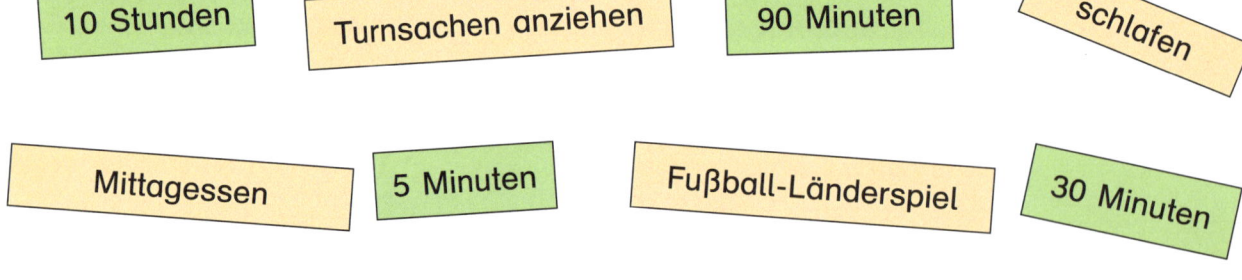

10 Stunden | Turnsachen anziehen | 90 Minuten | schlafen

Mittagessen | 5 Minuten | Fußball-Länderspiel | 30 Minuten

6 Überlege, welche Angabe passt: kürzer oder länger?

a) Die Pause ist ▢ als die Musikstunde.
b) Ein Schultag ist ▢ als eine Stunde.
c) Ein Fußballspiel ist ▢ als ein Schultag.

länger | kürzer

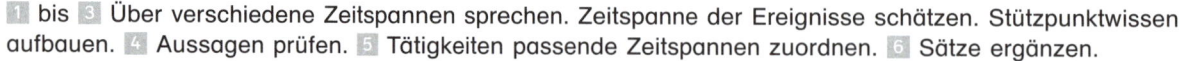

1 bis 3 Über verschiedene Zeitspannen sprechen. Zeitspanne der Ereignisse schätzen. Stützpunktwissen aufbauen. 4 Aussagen prüfen. 5 Tätigkeiten passende Zeitspannen zuordnen. 6 Sätze ergänzen.

Nikos Nachmittage

1 Wie lange dauert Nikos Besuch im Zoo am Samstag?

Zeitpunkt	Zeitspanne	Zeitpunkt	
10.00 Uhr	5 Stunden 5 h	15.00 Uhr	!

2 Nikos Nachmittage: Wie lange dauert es?
a) Schwimmen am Montag   b) Flöten am Mittwoch
c) Fahrradausflug am Freitag   d) Zirkusbesuch am Sonntag

3 Nikos Schultag: Wie lange dauert es?
a) große Pause: 9.30 Uhr bis 10.00 Uhr   b) Mathestunde: 10.00 Uhr bis 10.45 Uhr
c) kleine Pause: 11.30 Uhr bis 11.45 Uhr   d) Mittagessen: 13.30 Uhr bis 14.00 Uhr
e) Wie lange dauert es bei dir? Schreibe die Uhrzeiten und die Dauer auf.

4 a) Wie lange hat der
       Spielzeugladen geöffnet?
       von Montag bis Freitag:
             am Vormittag   ▦ h
             am Nachmittag   ▦ h
             am Tag   ▦ h
       am Samstag   ▦ h
       in einer Woche   ▦ h

Öffnungs-
zeiten:
Montag bis Freitag
       9:00 –12:00
und 14:00 –18:00
Samstag
       9:00 –16:00

b) Wie lange dauert die Arbeitszeit in einer Woche?

Ich arbeite jeden
Vormittag und
Samstag.

Frau Meister

Ich arbeite jeden
Nachmittag und
Samstag.

Herr Peter

Ich arbeite
täglich außer
am Samstag.

Frau Jansen

Roter Kasten: Wortspeicher nutzen.

Familie Kahn

Familie Ernst

Familie Ring

Fahrt zur Jugendherberge

Hinfahrt:	14. August um 8.00 Uhr
Dauer der Busfahrt:	2 Stunden
Fußweg bis zur Jugendherberge:	15 Minuten
Rückfahrt:	18. August um 10.00 Uhr

1 Vor der Fahrt haben die Kinder viele Fragen. Kannst du alle Fragen beantworten?

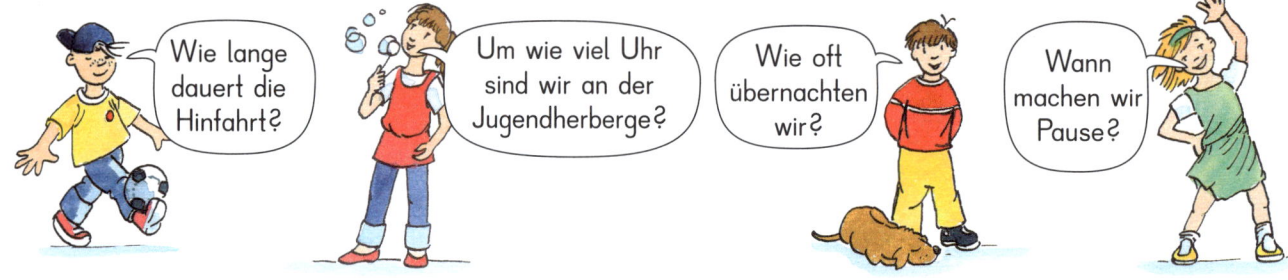

Wie lange dauert die Hinfahrt?

Um wie viel Uhr sind wir an der Jugendherberge?

Wie oft übernachten wir?

Wann machen wir Pause?

2 Welche Fragen kannst du stellen? Kannst du sie beantworten?
a) Die Familien Kahn, Ernst und Ring kommen zur Bushaltestelle.
   Dort warten bereits zwölf Personen.
b) Der Bus kommt! Im Bus sitzen 18 Fahrgäste. Der Bus hat Platz für 50 Personen.

3 In der Jugendherberge kaufen sich die Kinder sofort Postkarten.
An der Kasse stehen fünf Kinder in der Reihe.
Eva steht ganz hinten. Ben steht hinter Jan und
vor Anna. Tom steht vor Eva und hinter Anna.
Schreibe auf, in welcher Reihenfolge die Kinder
anstehen. Eine Tabelle kann dir helfen.

1.	2.	3.	4.	5.
▪	▪	▪	▪	Eva

4 Familie Schmidt kommt am 16. August um 14 Uhr
in der Jugendherberge an und bleibt fünf Nächte.
a) Wann reist sie wieder ab?
b) Wie viele ganze Tage können alle
   vier Familien gemeinsam verbringen?

August	
Mo	5 12 19 26
Di	6 13 20 27
Mi	7 14 21 28
Do	1 8 15 22 29
Fr	2 9 16 23 30
Sa	3 10 17 24 31
So	4 11 18 25

F

5

Fernsehzeit

Wie viele Stunden
haben alle Kinder
deiner Klasse am
letzten Sonntag
ferngesehen?

Tipp
Verwende eine
Fernsehzeitschrift.

5 Fermi-Aufgabe: Offene Sachsituation. Kinder sammeln Daten, gehen eigene Lösungswege
und können zu individuellen Ergebnissen kommen.

1 Die Klasse 2a erstellt Steckbriefe für ein Freundebuch.
Die Kinder haben unterschiedliche Lieblingsspeisen.
a) Was essen die Kinder am liebsten?
b) Was essen die Kinder nicht so gerne?
c) Wie viele Kinder sind in der Klasse 2a?
d) Finde weitere Fragen zum Schaubild.

2 Fragt eure Mitschüler, was sie am liebsten essen. Notiert das Ergebnis in einer
Strichliste und zeichnet dazu ein Schaubild. Zeichnet für jedes Kind ein Kästchen.

3 Die Kinder haben unterschiedlich viele Geschwister.
Lies das Schaubild. Ein Kästchen steht für ein Kind.

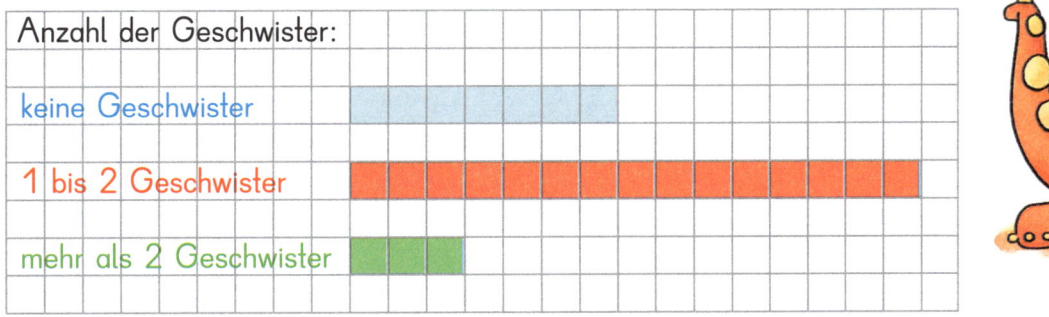

a) Wie viele Kinder haben keine Geschwister?
b) Wie viele Kinder haben mehr als zwei Geschwister?
c) Wie viele Kinder haben ein bis zwei Geschwister?

4 Fragt eure Mitschüler, wie viele Geschwister sie haben.
Notiert das Ergebnis in einer Strichliste. Zeichnet dazu ein Schaubild.

5 Schau in den Geburtstagskalender deiner Klasse.
Wie viele Kinder haben im Januar, Februar, ... Geburtstag?
Notiere das Ergebnis in einer Strichliste. Zeichne dazu ein Schaubild.

6 Alle Kinder der Klasse 2b haben ein Haustier.
Vier Kinder haben sogar zwei Tiere.
Kein Kind hat drei oder mehr Tiere.
Wie viele Kinder sind in der Klasse?

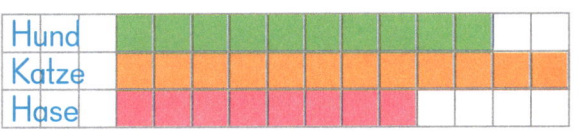

1 Manuel und Lisa bekommen in der neuen Wohnung in Neu-Ulm jeder ein eigenes Zimmer. Vergleiche die Flächeninhalte. Hier sind die Pläne der beiden Zimmer:

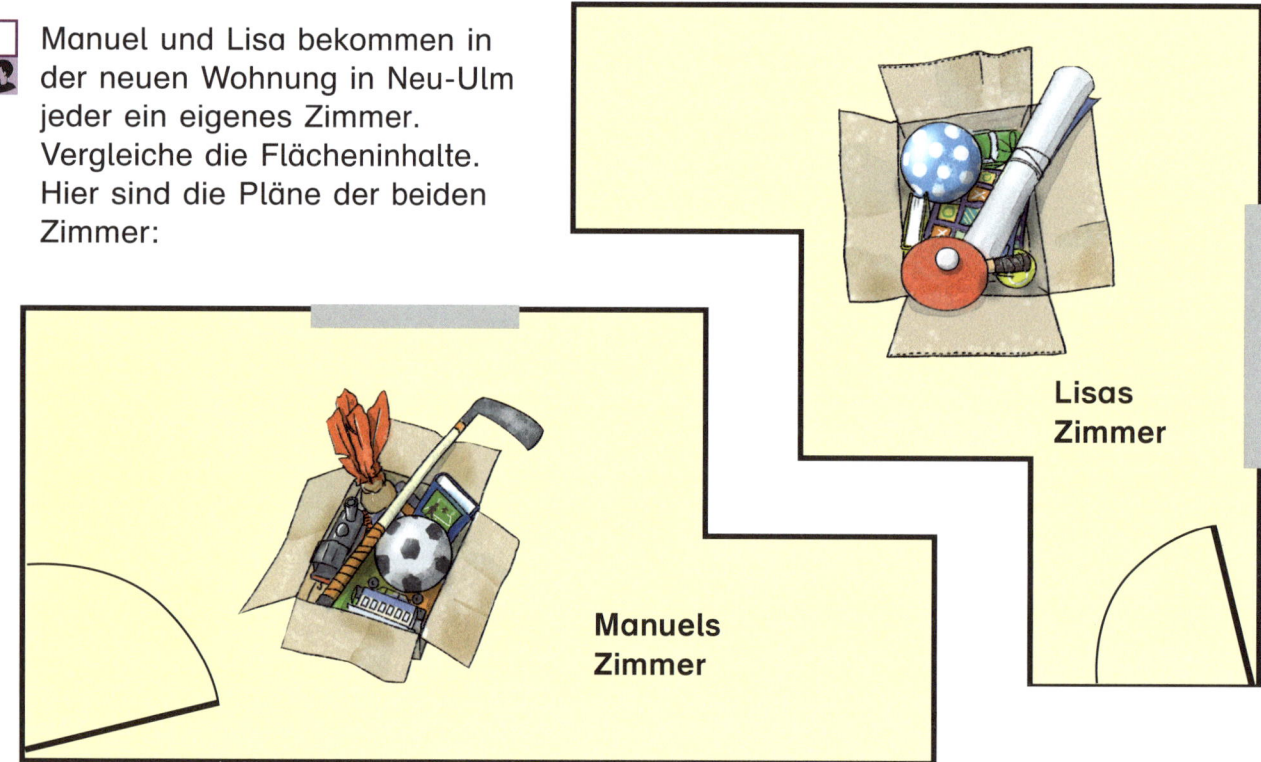

Lisas Zimmer

Manuels Zimmer

Haben beide Kinder gleich viel Platz? Schätzt.
Legt dann die Pläne mit euren kleinen Quadraten aus.
Wie viele Quadrate braucht ihr bei jedem Plan?

2 Legt mit kleinen Quadraten noch andere Zimmer. So viele sollen hineinpassen:

a) 16 Quadrate   b) 15 Quadrate   c) 11 Quadrate   d) 12 Quadrate

3 Welche Figuren haben den gleichen Flächeninhalt? Begründe.

A   B   C   D

4 Welche Figuren haben den gleichen Flächeninhalt? Begründe.

A   B   C

Zwei Dreiecke sind so groß wie ein Quadrat.

5 Spanne und zeichne eigene Figuren, die 4, 6, 8 Quadrate groß sind.

1 bis 5 Buchbeilage „Geometrische Formen" und Geobrett verwenden. Am Geobrett spannen.
Bei 1 und 2 die Quadrate der geometrischen Formen, bei 3 bis 5 die Quadrate auf dem Geobrett
jeweils als Einheitsquadrate verwenden. Flächeninhalte bestimmen.

1

2
a) Spannt zwei Figuren am Geobrett.
b) Schätzt, welche Figur den größeren Umfang hat.
c) Bestimmt jeweils den Umfang der Figuren durch Umlegen mit einem Wollfaden.
d) Vergleicht die Längen eurer Wollfäden. Welche Figur hat den größeren Umfang?

3 Beim Geobrett kannst du bei Rechtecken und Quadraten auch ohne Wollfaden den Umfang bestimmen.

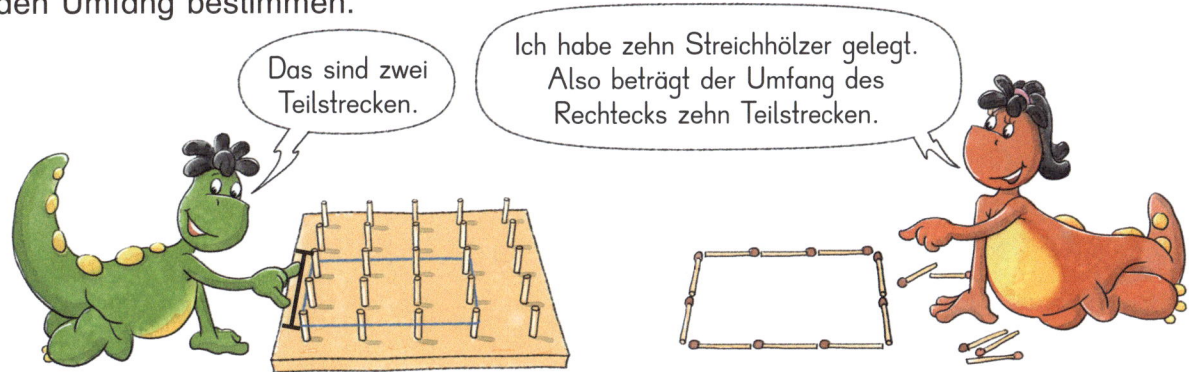

4 Wie groß ist jeweils der Umfang der Figur? Lege mit Streichhölzern nach.

a)   b)   c)   d)

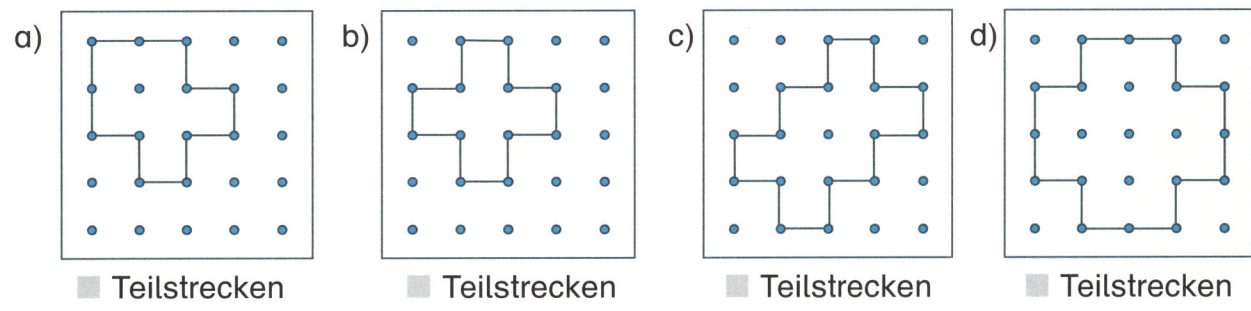

■ Teilstrecken   ■ Teilstrecken   ■ Teilstrecken   ■ Teilstrecken

5 Welche Figuren haben den gleichen Umfang?

A   B   C   D

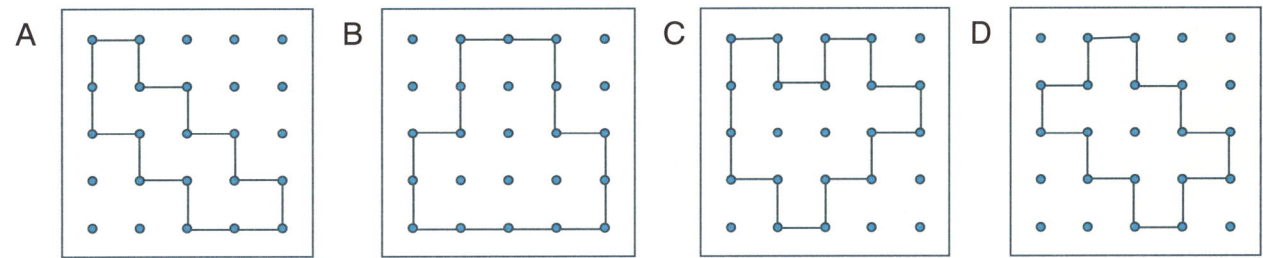

6 Spanne und zeichne eigene Figuren mit einem Umfang von 6, 10, 14 Teilstrecken.

Umfang handelnd bestimmen. Zusätzlich: Unterschied zwischen Flächeninhalt und Umfang thematisieren.

1 Zeichne die Figuren freihändig. Dein Partner überprüft, ob du richtig gezeichnet hast.

a)   b)   c)   d)   e)

2 Zeichne freihändig ein Rechteck und darunter ein Quadrat.

3 Zeichne freihändig ein großes Quadrat. Zeichne in das Quadrat ein Dreieck.

4 Zeichne freihändig einen Kreis. Zeichne rechts daneben ein Rechteck.

5 Zeichne freihändig zwei gleich große, schmale Rechtecke.
Zeichne so, dass sie wie ein großes T in Druckschrift aussehen.

6 Zeichne freihändig ein Quadrat. Zeichne an jede Seite ein Dreieck.

7 Zeichne ein Rechteck.
Zeichne dann zwei Linien so ein, dass drei Dreiecke entstehen.

8 Zeichne die Muster freihändig in dein Heft. Setze fort.

a)

b)

c)

9 Erfinde eigene Muster.

10 Versuche die Figuren in einem Zuge zu zeichnen.
Bei welchen Figuren gelingt dir das?

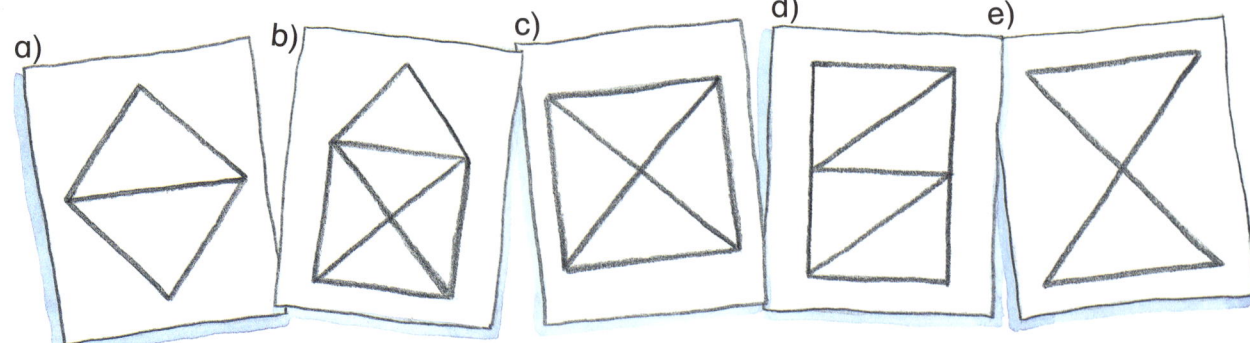

a)   b)   c)   d)   e)

1 Zeichne ein Quadrat.

2 Zeichne auf Karopapier.

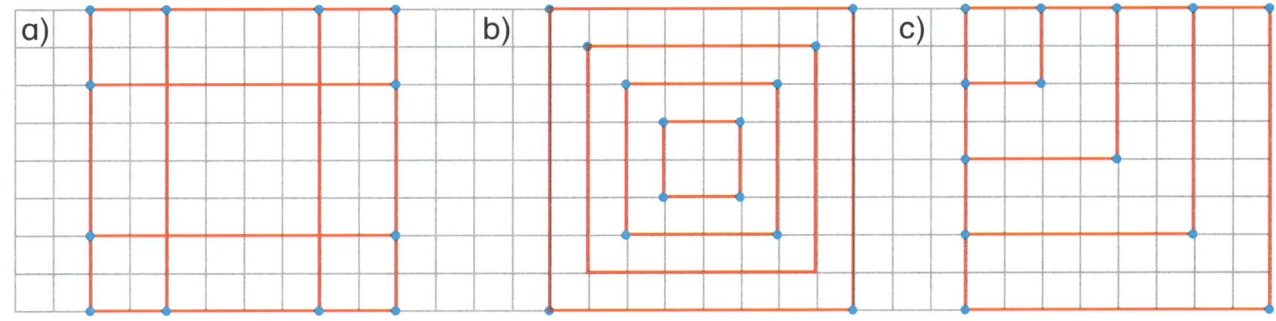

3 Zeichne die Figur auf Karopapier. Wie viele Quadrate sind es?

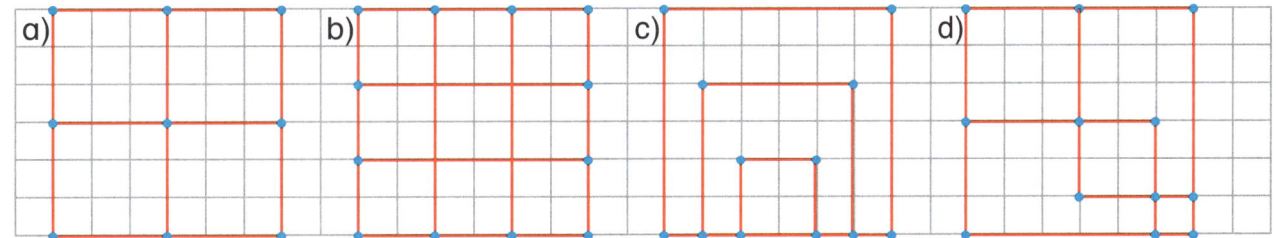

4 Zeichne und male das Muster nach rechts weiter.

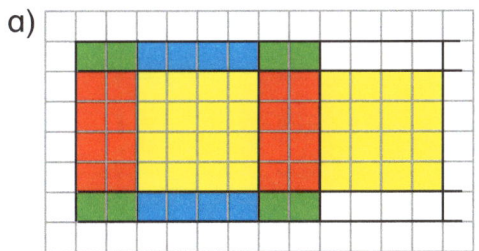

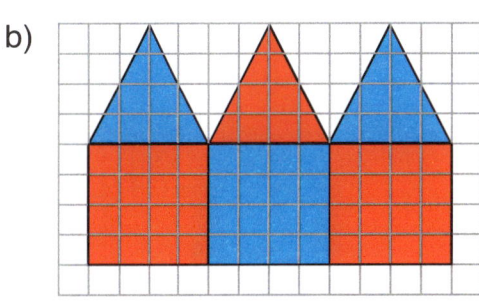

5 Zeichne und male das Muster nach rechts und unten weiter.

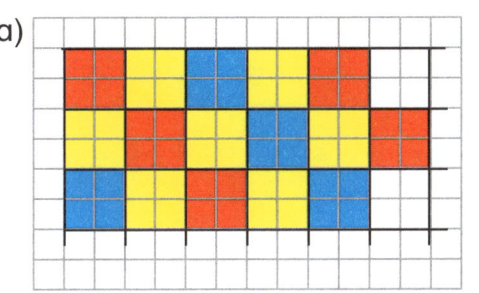

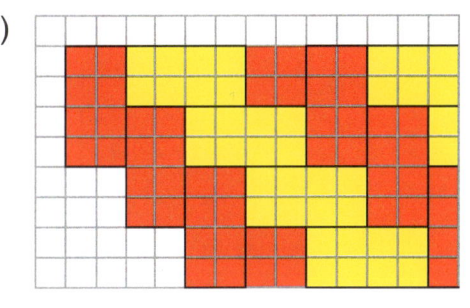

c) Erfindet eigene Muster. Macht eine Ausstellung in der Klasse und vergleicht.

3 Bei b) sind mehr Quadrate enthalten, als man auf den ersten Blick sieht.

1 So kommen die Kinder zur Schule:

a) Wie viele Kinder sind
   in der Klasse?
b) Wie viele Kinder kommen
   auf zwei Rädern?
c) Wie viele Kinder kommen
   auf vier Rädern?

2 Die Tabelle zeigt, wohin die
Kinder in den Ferien fahren.

in die Berge	ﬃﬃﬃ I
ans Meer	IIII
an einen See	III
zu Verwandten	ﬃﬃﬃ
nicht fort	▪

a) In der Klasse sind 25 Kinder.
   Wie viele fahren nicht fort?
b) Wie viele Kinder fahren
   an ein Gewässer?

3 Wie viel Uhr ist es?
Schreibe immer beide Uhrzeiten auf.

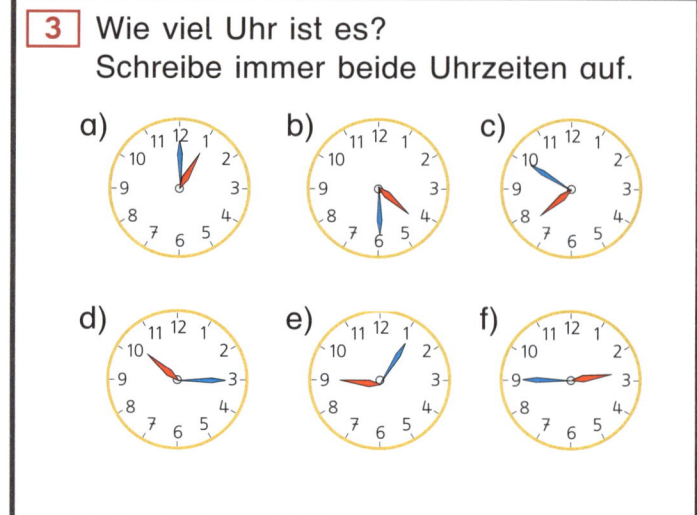

4 Wie groß ist jeweils der Umfang der Figur? Lege mit Streichhölzern nach.

a) 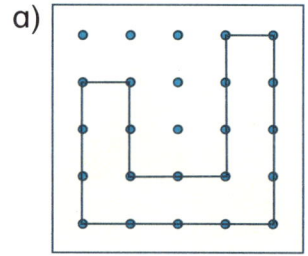   b) 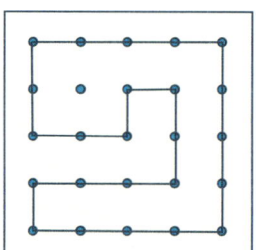   c) 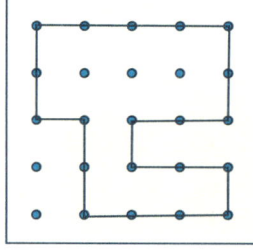   d)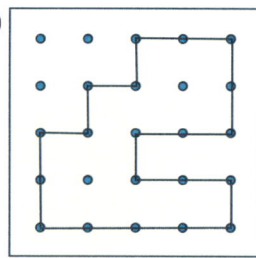

▪ Teilstrecken   ▪ Teilstrecken   ▪ Teilstrecken   ▪ Teilstrecken

5 Wie viele kleine Quadrate passen jeweils in die Figur?
Denke daran, dass zwei Dreiecke ein Quadrat ergeben.

a) 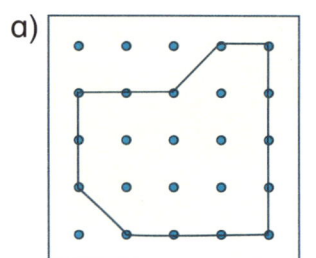   b) 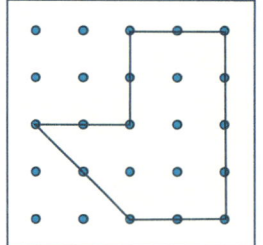   c) 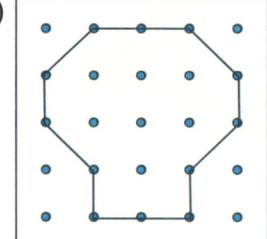   d)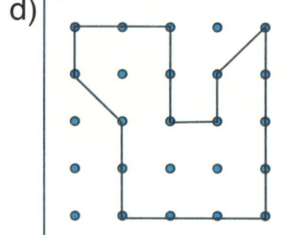

5 Flächeninhalt bestimmen.

1 a) ⟨ 5 | 10 | 2 | · | 7 | 4 | 3 ⟩   b) ⟨ 2 | 5 | 10 | · | 6 | 2 | 8 ⟩

2 a) ⟨ 3 | 6 | 9 | · | 2 | 3 | 4 ⟩   b) ⟨ 4 | 5 | 6 | · | 4 | 5 | 6 ⟩

3 a) ⟨ 9 | 8 | 7 | · | 10 | 9 | 8 ⟩   b) ⟨ 10 | 9 | 8 | · | 6 | 4 | 5 ⟩

4 Setze fort. Schreibe die Körpernamen auf. Schreibe so: a) Würfel, Kugel, 2 Würfel, …

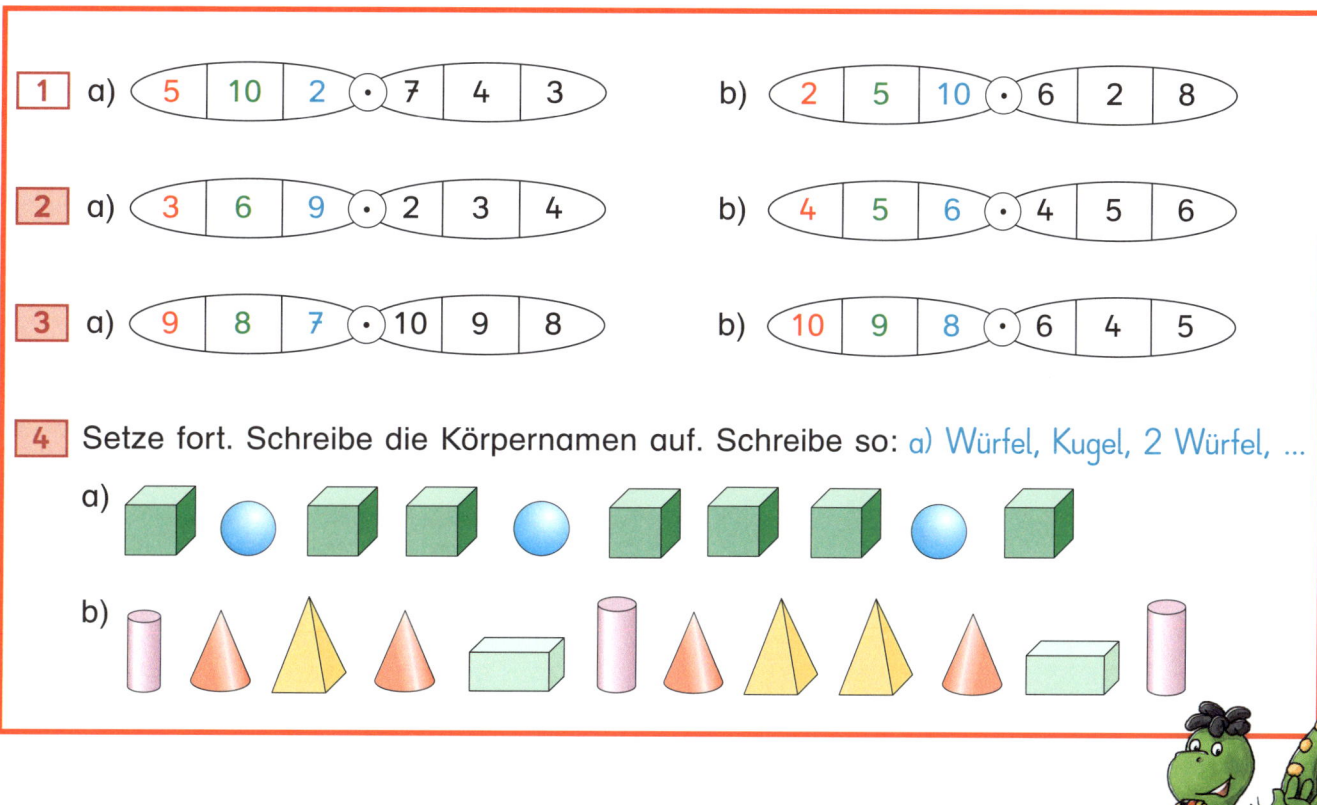

a)

b)

5 Berechne.

Minigolf Park

Öffnungszeiten
Mo–Fr 10.00–17.00
Sa 9.00–18.00
So 8.00–19.00

Eintritt
Kinder 4 €
Erw. 7 €

a) Wie viele Stunden hat der Park an jedem Tag geöffnet?

b) Wie viele Stunden ist der Park am Wochenende insgesamt geöffnet?

c) Steffen kommt mit seinen Eltern und drei Freunden am Samstag um 15.00 Uhr. In wie vielen Stunden schließt der Park?

d) Steffens Eltern meinen: „Der Eintritt kostet für alle bestimmt viel Geld!"

6 a)

b)

c)

4 Körperfolge bei a) bis zu sechs Würfeln und bei b) bis zu vier Pyramiden fortsetzen.
Eventuell bei der Notation statt der vollständigen Körpernamen nur Abkürzungen verwenden.

Wortspeicher

Zahlen in Zehner und Einer zerlegen

63 = 6 Z + 3 E

Z	E
6	3

60 + 3 = 63
dreiundsechzig

Geheimschrift

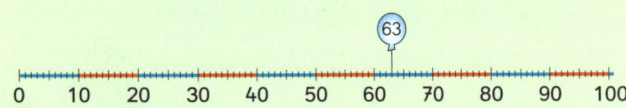

1 **H**underter	= 10 **Z**ehner
1 **H**	= 10 **Z**
1 **Z**ehner	= 10 **E**iner
1 **Z**	= 10 **E**

Am Zahlenstrahl bis 100 orientieren

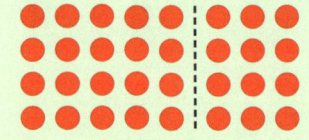

Vorwärts und rückwärts zählen in Einerschritten und in Zehnerschritten

63, 62, 61, 60, 59, ...   Regel: immer − 1
24, 34, 44, 54, 64, ...   Regel: immer + 10

Nachbarzahlen bestimmen

Vorgänger	Zahl	Nachfolger
62	63	64

Nachbarzehner bestimmen

60	63	70

Zahlen der Größe nach vergleichen

27 < 63   27 ist kleiner als 63

63 > 36   63 ist größer als 36

Zahlen bis 100 in der Hundertertafel zeigen und ablesen

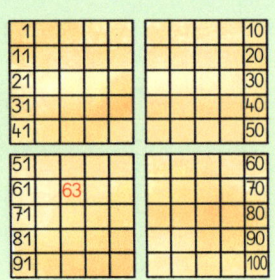

Malnehmen

4 + 4 + 4 = 12

3 · 4 = 12   3 mal 4 ist gleich 12

Das ist eine **Malaufgabe**.

⊙ ist das Zeichen für **mal**.

Aufgabe und Tauschaufgabe

4 · 8 = 32   8 · 4 = 32

Beim Malnehmen kann man die Zahlen vertauschen, das Ergebnis bleibt gleich.

Aufgabe und Umkehraufgabe

4 · 8 = 32   32 : 8 = 4

Kernaufgaben

Alle Malaufgaben mit 1, 2, 5 und 10 sowie die Quadrataufgaben sind **Kernaufgaben**.

Kernaufgaben in der Büffelhaut

Von den Kernaufgaben zu den Nachbaraufgaben

a) **2 · 7**   b) 4 · 7   c) **10 · 7**   d) 6 · 7

3 · 7   **5 · 7**   9 · 7   **7 · 7**

6 · 7   8 · 7

Teilen

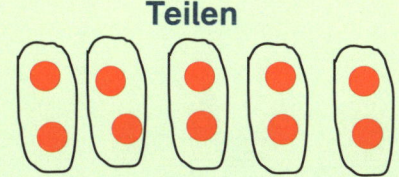

10 : 2 = 5   10 geteilt durch 2 ist gleich 5
Das ist eine **Geteiltaufgabe**.
⊙ ist das Zeichen für **geteilt durch**.

Gerade und ungerade Zahlen unterscheiden

gerade: 60, 62, 64, 66, 68, ...
ungerade: 61, 63, 65, 67, 69, ...

Gerade Zahlen kann man
ohne Rest durch 2 teilen.

Verwandte Mal- und Geteilt- aufgaben

8 · 5 = 40
4 · 8 = 40
40 : 5 = 8
40 : 8 = 5

6 · 6 = 36
36 : 6 = 6

Malduro   kleines Malduro

Flächeninhalt und Umfang bestimmen

Flächeninhalt:
4 Quadrate

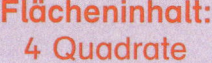

Umfang:
8 Teilstrecken

Umfang: Einmal um die Fläche herum

Geometrische Formen unterscheiden

Vierecke   **Dreiecke**   **Kreis**
Rechtecke

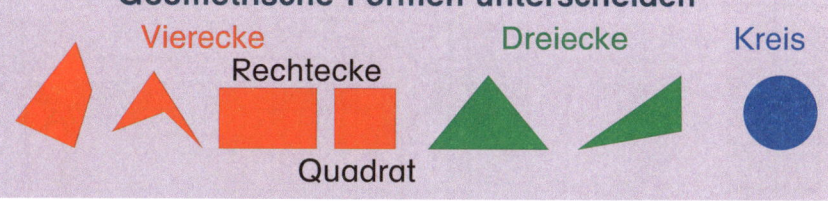

Quadrat

Geometrische Körper unterscheiden

Quader   Kugel   Zylinder   Kegel   Pyramide   Prisma

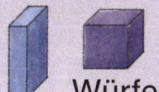
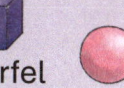

Würfel

Geld

1 Euro ist gleich 100 Cent.
1 € = 100 ct

Längen

1 Meter ist gleich 100 Zentimeter.
1 m = 100 cm

1 cm

Zeit

7.30 Uhr   11.15 Uhr   4.05 Uhr
19.30 Uhr   23.15 Uhr   16.05 Uhr
halb 8   Viertel nach 11   fünf nach 4
                  oder viertel 12

1 Tag hat 24 Stunden.   1 Tag = 24 h
1 Stunde hat 60 Minuten   1 h = 60 min

Sachsituationen lösen

Sachsituationen löst du schrittweise:

Genau lesen → Frage → Wichtige Angaben → Lösungs- weg → Antwort → Ergebnis überprüfen

Es gibt verschiedene **Lösungswege**.

Lösungsweg:
• Rechnung
• Tabelle
• Skizze

Achsensymmetrie erkennen

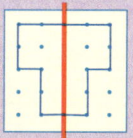

Dies ist eine
achsensymmetrische Figur.

Die rote Linie ist die
Symmetrieachse.

Zahlen-ABC

0
B

1	2	3	4	5	6	7	8	9	10
H	O	A	L	E	I	S	T	M	N

11	12	13	14	15	16	17	18	19	20
R	G	F	S	T	E	K	A	D	U

21	22	23	24	25	26	27	28	29	30
C	L	P	A	R	N	D	N	H	O

31	32	33	34	35	36	37	38	39	40
V	N	U	E	T	N	S	D	I	P

41	42	43	44	45	46	47	48	49	50
B	M	S	T	H	A	I	E	T	F

51	52	53	54	55	56	57	58	59	60
D	F	K	L	Ä	S	W	H	C	M

61	62	63	64	65	66	67	68	69	70
R	Ö	K	G	D	S	I	V	N	P

71	72	73	74	75	76	77	78	79	80
U	N	W	E	L	G	H	Ü	R	V

81	82	83	84	85	86	87	88	89	90
T	U	C	R	A	T	I	Z	X	W

91	92	93	94	95	96	97	98	99	100
T	D	I	O	H	R	M	I	Q	Z

101
J

Zahlenstrahl

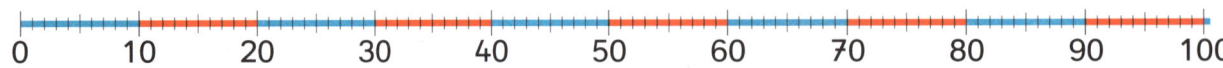

Hundertertafel

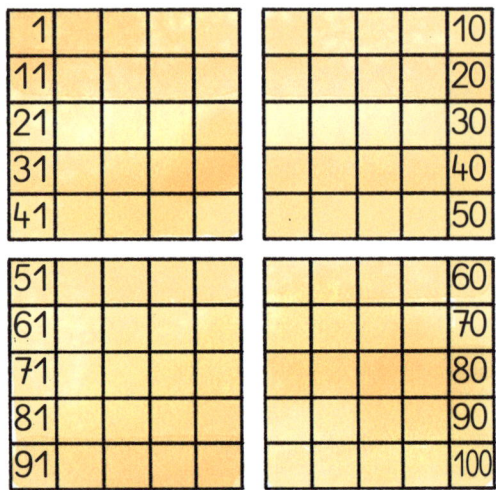

Büffelhaut

941.186

Rechengeld-Beilage B (941.201)

Rechengeld-Beilage A (941.200)

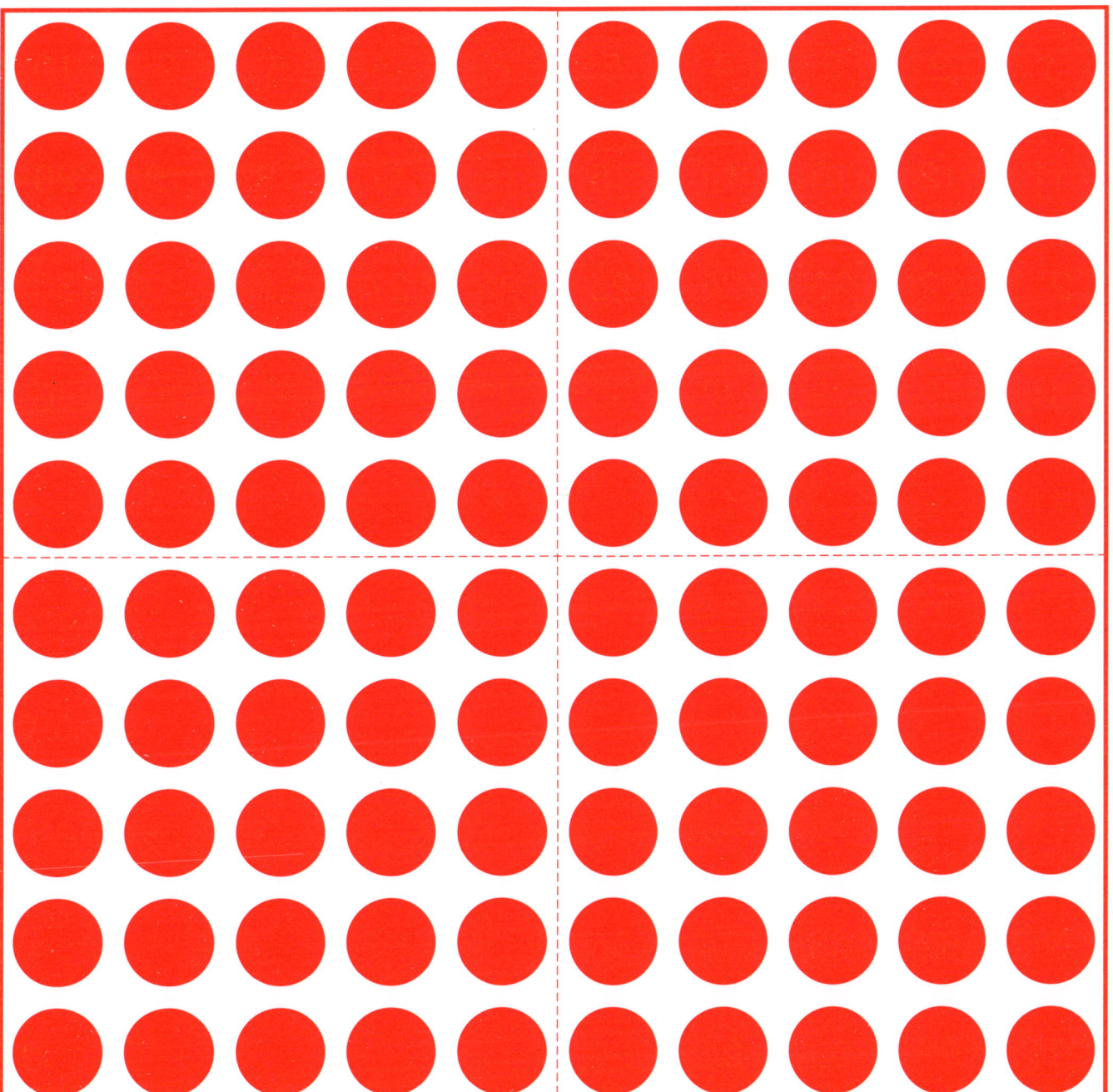

941.187

1	2	3	4	5	6	7	8	9	10
11	12	13	14	15	16	17	18	19	20
21	22	23	24	25	26	27	28	29	30
31	32	33	34	35	36	37	38	39	40
41	42	43	44	45	46	47	48	49	50
51	52	53	54	55	56	57	58	59	60
61	62	63	64	65	66	67	68	69	70
71	72	73	74	75	76	77	78	79	80
81	82	83	84	85	86	87	88	89	90
91	92	93	94	95	96	97	98	99	100